乾偉藏書

民國七十九年十一月卅一日

變遷中的台閩戲曲與文化

讓傳統文化立足世界舞台

——《協和台灣叢刊》發行人序

林勤仲

這是一種相當難得且奇特的經驗，四十歲之前，許多人常會問我的，總是一些生理與醫療方面的問題；四十歲之後，我最常思考的卻是文化方面的問題。

如此南轅北轍的改變，最主要的原因，應該是來自我的經驗法則：跟每一位成長在戰後的一代相仿，自童年長至青年，無論是家庭、學校或者是整個社會給我的壓力，只是讀書、考試，考試、讀書；而我一直也沒讓人失望，唸完醫學院後，順利負笈英國，接着又在日本拿到博士學位，先後在美國及台灣擔任過許多人欽羨的婦產科醫生，也正因此，讓我有太多機會在世界各地認識不同的友人。然而，這樣的機會卻總讓我感到自卑，這自卑並非來自專業知識，而是每每交換及不同的文化經驗時，少數識得台灣的友人，也僅知道這個海島擁有七百億的外滙存底而已。

這個殘酷的事實，逼着我不得不慎重的思考：什麼樣的文化，才足以代表台灣？

●

一九八三年間，我結束了在美的醫療工作，回台全力投注於協和婦女醫院的經管，由於業務的需要，常有機會到日本去，有一次在橫濱的一家古董店裡，發現了十幾尊傳統布袋戲偶，讓我突然勾起兒時在台南勝利戲院，坐在長排椅的椅背上看內台布袋戲的情景；不久後，在大阪天理大學附設的博物館，看到那尊清乾隆年間的戲神田都元帥以及古色古香的「六角棚」戲台，還有那些皮影、傀儡、木彫、銀器、刺繡與原住民族的工藝品，讓我產生極大的感動，忍不住當場流下眼淚。

我的感動來自於那些代表先民智慧與工藝水平的器物之美；忍不住掉下的眼淚，則是因爲這些製作精巧，具有歷史意義又代表傳統文化精華的東西，在這外邦受到最愼重的收藏與保護，但在當時的台灣，除了某些唯利是圖的古董商外，根本乏人理會！

除了感動，同時也讓我感受到日本文化侵略的危機，這種危機感也許可溯自大學三年級的暑假，我參加基督教醫療協會，到信義、仁愛、望洋等山地部落，從事公共衛生的醫療服務時，便深刻體會到日治時期對台灣山地的積極教育，讓日本文化、語言以及民族性都紮下不錯的根基，其深厚的程度甚至令人驚駭，只是當時的情況，個人並無力改變什麼。及至一九八〇年前後，我結束學業，回到台灣後，第一件事便是找到彰化教育學院的郭惠二教授，試圖回到山地，經管一個模範村的計劃，結果模範村計劃因故流產，而那次再回山地，讓我不敢置信的是，由於電視進入山區，使得原住民族的文化幾近完全流失，少數保存下來的，卻是日治時期的文化遺產。

這是多麼可怕的文化侵略啊！難道連日本人走了，都還能予取予求地用區區的金錢，換取我們最珍貴的傳統文化？

如此揉合着感動、迷惑又驚駭的心情，讓我在東京坐立難安，隔天，便毫不考慮地到橫濱那家古董店買回店中所有的布袋戲偶，同時又透過種種關係，買回「哈哈笑」劇團最早那個被台灣古董商騙賣到日本的戲棚。

那絕不只是一時的衝動而已，我很淸楚地告訴自己，只要在我的能力範圍之內，將盡可能地尋回這些流落在外的文化財產；這些年來，雖沒有明確的收藏計劃，但只要是有價值的東西，我都不肯放棄，至今，也才稍可談得上規模。

嚴格說來，我是個典型受西式教育的人，加上長年在國外的關係，讓我對藝術或者文化，都懷有較深且闊的世界觀。

最早我在英國唸書的時候，便跑遍了歐洲重要的美術館，後來每次出國，只要有機會，決不會錯過任何一個可觀賞的現代藝術館。

除了參觀與欣賞，我也嚐試着收藏一些美術的東西，收藏的目的，除因個人的喜好，當然也因爲美好的藝術品也是不分國界的！

也許有人會認爲，在這傳統與現代之間，必然有無法調和的衝突之處，我又如何面對呢？其實，我從不認爲這兩者之間會有相互矛盾或衝突之處，任何一種藝術品都有其共通之美，而其中蘊含的不同文化特色，正足代表那個民族的特殊之處，傳統的彩繪與現代美術作品，正是兩類截然不同的作品，正因其不同，我們才能在彩繪中，體認先民的精神與生活狀態，它的價值，除了美之外，更在於它所蘊含的特殊文化表徵。

當然，時代的快速進步之下，傳統的美術、工藝與文化，面臨了難以持續的大難題，導致這個問題的因素頗多，例如政府政策的不當教育的偏頗以及社會的畸型發展，讓戰後的台灣人擁有最好的知識教育，卻完全缺乏生活教育，終造成今天這個以金錢論成敗，從不考慮精神生活的社會型態。

過去，也有許多的專家學者，對這個病態的社會提出不少頗有見地的意見，但我一直認爲，任何一個正常的社會，必要擁有正常的文化。台灣光復以來，政府當局全力追求經濟建設的成長，卻不顧文化水平一直在原地踏步，直到近幾年，有關單位似乎也較積極地從事文化建設；只是，當中共的廣東省政府，花了兩億美元整修一座五落大厝，成爲一座古色古香的廣東地方博物館時，台灣的左營舊城門才剛剛被毀，半毀的麻豆林家也被拆遷，這樣的文化建設又怎能談得上什麼成績呢？

在這種種難題與僵局之下，要重振傳統文化，重新獲得現代人的肯定，甚至立足在世界的舞台上，就不能光靠政府的政策與態度，而是我們每個人都有責任付出關心與努力，用現代化的方法與現代人的觀點，提昇傳統文化的品質，再締造本土文化的光輝。

●

從開始收藏第一尊布袋戲偶起，彷彿便註定我將走上這條寂寞卻不會後悔的文化之路。過去那麼多年前，只是默默地收藏一些珍貴的文化財產，我當然知道，光如此是不夠的，但直到今天，時機稍稍成熟，才敢進行下一步的計劃。

這個計劃，大概可分為三個部份，一是成立出版社，二為創立協和藝術文化基金會，三則創設傳統戲曲文物館。

臺原出版社成立的目的有二；一是專業台灣風土叢刊的出版，這是一套持續性的計劃，計劃每年分三季出書，每季同時出版五種台灣風土文化的叢書，類別包括：民俗、戲曲、音樂、歷史、工藝、文物、雜俎、原住民族等大類，每本書都將採最精美的設計與印刷，用最通俗的筆法，喚醒正在迷茫與游離中的朋友，讓更多的朋友重新認識本土文化的可貴與迷人之處。我深信，只要持之以恆，所有努力的成績不僅將獲得關愛本土人士的肯定，更將贏得國際間的重視；二為出版基金會的專刊，協和藝術文化基金會成立之後，將有計劃地整理台灣的傳統藝術之美，諸如戲曲之美、偶戲造型以至於建築、彩繪之美……等等。

至於基金會與博物館的創立，則是我最大的目標，這兩個計劃其實是一體的，博物館只是基金會的附屬單位，主要的功用在於展示基金會所收藏的文物與美術品；至於基金會本身，除了推廣與發展本土文化，定期舉辦各種研習營與表演、演講，更將策劃舉辦各種世界性的文物交流展，目的除了讓國人有機會打開更廣闊的視野外，更重要的是讓本土文化立足在世界的舞台上。

讓本土文化立足在世界的舞台上，不僅是協和藝術文化基金會與出版社努力的目標，更是每個關愛本土文化人士最大的期望，不是嗎？畢竟唯有如此，才能重拾我們失落已久的自尊！

《本文獲選入一九八九年海峽散文選》

翻山越嶺看戲去

——《變遷中的台閩戲曲與文化》作者序之一

林勃仲

這些年來，雖然由於個人志趣的轉向，認識了許多藝術方面的朋友，但由於現實的需要，仍有許多機會跟商界或醫界的朋友往來，每每跟他們談起彼此的近況，我的答案如果是下田野時，許多人總是認爲：爲什麼還要那麼辛苦呢？那是年輕人的事啊！

那的確是年輕人的事！我還在醫學院唸書的時候，每每利用寒暑假，組織山地醫療服務隊到霧社、仁愛去從事山地服務，那時個個年輕氣盛，從事這樣的工作，似乎是天經地義的事！然而二十年之後，由於志業的轉向，我迫切的希望認識台灣的傳統文化與藝術，自然只有從勤跑著手，沒想到却給許多朋友留下「辛苦」的印象！

跑田野當然是辛苦的，但我認爲它的辛苦卻不是年齡的差距，二十年前，全都必須靠體力去完成的工作，現在則有方便的交通工具與電訊替代大部份吃力的工作，兩者的差距正可抵消，而我認爲眞正的辛苦則是知識的搜尋；畢竟，唯有每一項親自經歷過、看過的東西，才能成爲自己的經驗，做爲判斷參考的準則。再者，這樣的辛苦也不是絕對性的，許多知識的突然貫通或者意外的收穫，都足以抵消掉千百個辛苦；在彌陀，和老師傅許福能學習從一張牛皮刻到一件皮影的過程，或者在豐原豐聲閣，親手接過老藝人的北管戲服……都是很好的認知與學習的機會；甚至在三義火炎山旁的華陶窰與新埔的民俗文物館……也給了我思索景觀與人文結合的最大可能與需要。

而這些年來所有的田野探訪中，最震撼我心靈的，還是中國閩南的戲曲之旅。

我想，最早的時候，跟許多人的心情一樣，懷著無比好奇的心情，踏上中國大陸的土地，接觸的除了故宮與長城外，便是呼和浩特的蒙古人或者是貴州的侗民或瑤民……這一切看在眼底，雖令人眼花撩亂、驚奇不已，事實上卻僅止於好奇或者驚奇而已，畢竟那些山區少數民族的東西，和我們生命的經驗有著太大的差異，這樣的差異，正是無法引起共鳴的所在。

一九八八年夏，透過李來富女士的介紹，認識還月兄，並邀他來和我一起工作，他經過短暫的考慮，很快就答應了，於是我們開始籌設臺原出版社，並積極進行閩南戲曲的田野調查計劃，那年九月，我們經過馬尼拉飛抵廈門，在全無經驗與熟人的情況下，連夜直奔泉州，抵達目的地的時候，已經是夜裡十點多了，金泉與華僑兩賓館全滿，我們正煩惱著夜晚的住宿問題，卻被百源池畔悠揚悅耳的南音扣住了我們的腳步——這不就是每年端午，鹿港龍山寺裡才會奏起的清音古樂嗎？在這裡……

我想這恐怕是每個初來此地的台灣人都無法抗拒的「鄉音」了，就在那懷著興奮、感慨、親切卻又隱隱不安的複雜情緒中，開啓了我們往後一連串的閩南和潮州戲劇之旅。

由於這些地方都是著名的僑鄉，受到外僑回饋的機會頗多，一年四季幾乎都有戲曲演出，唯一的問題，只是演出地點的遠近，我們從台灣來，每次的行程不過十幾二十天，時間是最寶貴的資源，因此只要探知演出的劇種與時間，地點的遠近是不容我們考慮的！於是，我們曾經換了兩趟計程車，又坐了個把鐘頭的三輪車，到濱海的陳埭看戲，也曾冒著大雨，到龍海看高甲戲的演出，在漳浦，爲了看一場戲，走了兩個多鐘頭的路……這每一次不同的演出，也給我許多不同的感受，起初面對他們整齊的排場以及衆多的觀衆，心裡只是強烈地感覺到台灣一切都不如人，後來多看了幾次以後，卻也隱隱感覺到中國共產主義下發展的戲曲，仍有許多自身無法突破的困景，而台灣雖因社會的進步導致傳統文化的沒落，卻也清楚地映現海島文化的特質……這些矛盾與現象，也許才是往後更需面對與探討的問題!?

●

一九九○年十月，是協和藝術基金會正式成立之期，在基金會成立的同時，推出這本集子，自然含有許多紀念的意義：其一是爲這個基金會的誕生留一件紀念品；其二也是最重要的，乃爲紀念先父林柳新先生，他先後在日本獲得理學博士及醫學博士，畢生盡力於婦產科醫學之鑽研，從事醫務與教學工作達四十年之久，除力倡醫院的開放制度外，經常三更半夜埋首書桌，撰寫有關婦產科醫學及醫院管理的文章，先後發表的論述達六十餘種，對台灣的醫學發展有相當重要的影響，此外，他時時教育我們的「希望」、「努力」、「快樂」人生觀以及諸事身體力行的風範，在成長過程中，給了我無限的啓示，希望這本小書，能回應他對這土地與人民的疼愛於萬分之一。

至於這本書的成形，還月兄也費了很大的心血，在我們一同進行的工作中，許多文章是我寫下初稿後，再透過他的修整與潤飾，才能以這麼優美的文字和大家見面，另外，由於成書的字數不足，還月還把他早年發表的重要論文拿出來，整編成這樣一本對本土民俗曲藝完整交待，又充份比對、討論海峽兩岸戲曲文化變遷的特殊文集。

我的母親、內人這些年來對我「不務正業」的寬容，許多好同事、好朋友協助我處理醫院的事務，讓我可以經常放心的外出，都該算是這本書間接的促生者，我必須在這裡表達最眞誠的謝意！

當然，還有您，這些年來一直支持臺原成長的朋友，由於你們傳遞的溫暖信息，才能讓每一份對台灣的愛，源源不盡地散發出來！

人生如戲戲人生

——《變遷中的台閩戲曲與文化》作者序之二

劉還月

長久以來，我一直都無法分辨戲如人生，還是人生如戲？

對於像我這樣一個貧農出身的客家子弟，與戲的接觸，最可能的兩個機會不外乎幼時押給戲班做長工，或者在一年中難得的幾個機會中，像是中元節或平安戲時，早早搬張板凳到戲台下，看「草把戲」看到翻過夜……但我卻因家住在山區，押給別人做的長工大部份都是看牛工，也因爲家住得離廟甚遠，祭典日一大早跟著祖父挑著牲醴到廟裡，匆匆祭拜後又得趕回家，中午才有雞鴨肉上桌請客，根本沒有任何看戲的機會。

然而，又有誰能逆料，這樣一個甚至連看戲都少的孩子，長大之後，卻與戲有著交纏複雜的情感與難解的恩怨？

●

一九八二年，我二十五歲，剛退伍不久，正式的職業是廣告公司的企劃，卻有許多的時間參與黨外的活動，從美工、攝影到選舉文宣……年輕的生命中，總有做不完的工作，卻也有和工作一般多的不滿與理想，對於社會發生的許多事情，總是以最直接的方式參與。

那年秋天的某一日，和我同住的朋友吳繼文要我到青年公園去看看。

「那裡有好多傳統的東西，像捏麵人、舞龍、舞獅……」他彷彿這樣說的。

我回應了，却因爲沒弄清楚是怎麼回事，拖了幾天才趕到現場，被踐踏得東倒西歪的花木叢中，只剩下了一半的戲台以及一條剝了龍皮，只剩竹簍的龍……原來那是第一屆「民間劇場」，我雖然去晚了，但也從此開始，逐漸走入戲的世界中。

往後的幾年中，雖然仍在年少的輕狂與理想的追逐中活著，卻由於種種因緣際會以及自己的喜愛，開始走訪一些民間藝人，從事報導文學的寫作。對於戲，也從一無所知中漸漸認識金光布袋戲之外的諸多好戲，並試着跟著戲班在燈火與夜色的追逐中，從一個城市到另外一個城市，開始眞正體會生命中無盡的悲與喜。

如今，匆匆八年過去了，我卻愈來愈無法分辨悲與喜；在戲中，我結交了非常多的好友，像孤傲蒼老的潤嘴師，像爲我取「濟顚」爲綽號的阿祿師，像專扮女角的乾旦阿坤，甚至是學雕戲偶的賴世安……無論尊卑親長，一直是我最好的益友與良師，豐富我的生命與智慧！

我也認識了另一些汲汲求聲名，計較著「薪傳獎」頒不頒給他的伶人，或者拚命巴結「大學教授」，指著我的鼻子罵我沒有資格批評「學者」的藝人；甚至，還跟某一個演戲家庭，結過一段不成熟的姻緣……

在那些演戲的朋友中，我看到了台灣藝人最純眞、最執著與無怨無悔的一面，也在那些爲了爭取出國機會而巴結諂媚的藝人身上，看到人性最卑微的面目，而那一段失敗的婚姻，卻又是一段不能解的愛恨恩怨。

只是，我從來沒有後悔或失望過，戲裡的世界本就是變幻無常的，人生不也是一樣嗎？

●

許多人都喜歡說：戲可以反映人生，或者人生就如戲一般；對我這樣一個因戲而愛，也因戲而恨的人而言，卻寧願思考更深一層的問題。

屬於典型移民社會的台灣，戲曲雖然隨著漢人的東渡而移入，它的發展卻必然在生存之後的某些特定需要下，才能夠找到立足點；爲了求生存，來自中國的劇種，必有某些改變，才能適應海島人民的需要，不足的地方，則以發展新劇種補充。因此，中國閩南的地方戲雖和台灣同出一源，事實上已有許多的差異，過去由於台海的阻隔，根本無從比較，卻又往往由於政治的需要，而成爲兩地文化同出一脈的證據，甚至就憑著這個「證據」，證明兩地不可分割的關係。

兩地到底能不能分割，這是全民自決的事，不是我研究的範圍，我有興趣的是這些年來，地方戲劇幾乎成了地方文化主要表徵的這個課題。在台灣，無論是專業的研究者或者一些關心文化的專家，在探討傳統文化與新文化的折衝問題，或者文化外播以至於兩岸文化交流的問題上，所舉的例與事實幾乎都是戲曲，某某劇團在夏威夷演出成功，媒體上的報導是：「一次成功的文化外交。」某單位邀請中國藝人來台演出，也成了：「爲兩岸文化交流活動奠下良基！」，其他許多的活動，也都是近似的處理方式，戲劇彷彿成了台灣文化的全部或者主脈！

這當然是不正確的，任何一個地方的文化，包括的是人民衣食住行的全部，所表現出的應是多樣而豐富的樣貌，但今天，要討論台灣文化，似乎只剩戲曲還可以拿出來當樣板，這樣的文化又是怎樣的一種病態文化呢？

會形成這種病變的文化，國民黨政府和少數當權的御用學者必須負最大的責任；一九四七年的「二二八事件」之後，長期的白色恐怖與戒嚴體制，執政者可以隨所欲爲的控制台灣的政治、社會與文化，其中對於本土文化的壓抑尤爲鉅大，使得台灣的人文社會徹底崩潰，教育完全失敗，文化不僅乏人關注，甚至還可能是政治黑牢的引渡者，如此半個世紀以來，人民的智慧只剩下經濟行爲，文化活動完全萎縮，古老留傳下來的戲曲，雖已近滅亡的境地，但餘下的最後殘影，也就成了唯一能代表台灣文化的東西了。

對於執政者的不公不義，稍有風骨的知識份子必都本著良知起來抗衡，但總還是有那些與權力核心關係良好的「學者」，賣弄著考古書中讀來的唐宋戲曲知識，在各地推銷著布袋戲、南管戲、崑曲、京劇以至於捏麵人、畫糖人、木書畫……之類的「民俗技藝」，並大言不慚地向年輕的學子們宣說著這些就是傳統文化，這些都來自中國，所以我們要飲水思源……

布袋戲或者木書畫，也是傳統民間文化的一項類，本應無庸置疑的，然而，在台灣文化全盤破產的關鍵時刻，這些專家學者不肯從多方面去教育人民認識台灣，卻把那些僅存的樣板當作文化的全部竭力宣揚，讓許多人對於文化的認識，永遠在於那幾齣戲或者兒童的玩物上……這樣的環境與教育，又怎能要求人民認識什麼才是眞正的豐美台灣文化呢？

《變遷中的台閩戲曲與文化》收錄的文章中，大部份都跟戲曲有關，同時也提出了許多有關文化現實與問題，其中最重要的自是有關台閩文化比較的那幾篇，兩地長久以來由於政治型態的不同，而產生許多差異，這些差異包括制度、思想以及人民需要的不同，我們都做了許多比較，希望能夠給兩岸的當政者做一些參考，當然，更重要的是，認淸兩地已愈分愈遠，再也不能用「同出一源」這個口號硬把兩地扯在一起的這個事實。

這本書的完成，林勃仲先生和我一起去做的田野調查，是最重要的資料來源，其中他執筆寫了多篇文稿，提出了許多的完整而獨到的意見，我們再經過對話或閒聊的方式，整理成爲完整的文字發表，最後又補上我的幾個單篇作品編輯而成，雖然不是非常有系統，內容也稍有重複，卻是第一本討論台海兩地文化變遷的專書，其中有許多是我們採訪的第一手資料，相信可以給有心的朋友做爲省思的參考。

變遷中的台閩戲曲與文化

林勃仲・劉還月／合著

目錄

1／歷史的軌跡

美麗之島，壯麗風土

——台灣傳統文化與藝術之美

台灣是西太平洋邊界的一個海島，面積僅有三萬五千九百餘平方公里，因氣候宜人，雨水豐足，自古以來便是一個美麗的島嶼，十五世紀中葉，葡萄牙人坐船經過台灣海峽，見到翠碧青葱的台灣，忍不住驚讚為「Ilha Formosa」，這個歷史性的驚讚，同時也開始了台灣在歷史舞台上的重要地位。

雖然歷史上的台灣，有一段很長的時間為荷蘭人與西班牙人佔住，但都屬於局部性的，到了西元一六六一年，鄭成功率軍東征，一舉便把這些外族全部趕走。因而台灣島上的住民，大致可分為山地九族人、平埔族人、福佬人、客家人以及一九四九年大陸各地的新移民，其中除平埔族人已完全為漢人同化外，台灣傳統的文化與藝術，以山地九族、福佬人與客家人三大支為主，又因福佬人與客家人生活接近，文化類同處頗多，許多人乃混稱福佬與客家文化為漢人文化，因而簡易言之，原住民文化和漢人文化，乃是組成現今台灣傳統文化的兩大主流。

台灣的原住民族，由於血緣、語言、文化與居住地的不同，共有九個不同的族群，分別是：

泰雅族（Atyal）、賽夏族（Saisiat）、布農族（Bunun）、曹族（Tsou）、魯凱族（Rukai）、排灣族（Raiwan）、卑南族（Puyuma）、阿美族（Ami）、雅美族（Yami）。這些原住民族原屬於南島系民族的一支，北渡到台灣後，爲適應傳統漁獵生活的需要，以及後來移民的影響，大都居住在山區和東部的海濱以及蘭嶼島上，較少受到漢文化的侵擾，至今仍保存著相當完整的傳統文化。

分佈在台灣北部山區的泰雅族人，可能是最早遷徙到台灣來的一族，他們的社會中，沒有階級與私有財產，成年的人還有黥面的習俗，成婚後男女還得鑿齒以示終身不易他人。傳統的織繡則是最具代表性的原始藝術，泰雅原始織繡以苧麻爲材料，使用「腰機」織布，方法雖然簡單，織出的成品細膩出色，相當漂亮。

居住在台灣中部的布農族人，是個天生的狩獵民族，族性慓悍、驍勇善戰，也是最擅長使用巫術對付敵人的部族，他們出獵或戰鬥前，都必占卜問凶吉，獵回來的獵物，則由族人們共同分享。

●泰雅族人，可能是最早遷徙到台灣來的一族。

●布農族人是最擅長使用巫術對付敵人的部族。

以恒春半島爲主要根據地的排灣族人與魯凱族人，居住地與血緣有頗多相似之處，在文化上，也都以百步蛇爲圖騰，此外，精美的雕刻與刺繡品，是這兩個族群最著名的原始藝術，紋飾也以百步蛇爲主，另有人形紋、鹿紋、繩紋、豬紋以及菱紋等，每一類都有相當傑出的作品，有天生的藝術家之稱。

分佈在花蓮和台東兩地的阿美族人，是台灣原住民族中的平地部族，社會結構爲母性社會，因臨海而生，族人大都擅長捕魚與製鹽，此外，傳統手揑的阿美陶罐，爲台灣原住民工藝中頗受注目的一項，可惜現今早已絕跡，人們對於傳統的阿美文化，恐怕只餘盛裝歌舞的阿美族豐年祭罷了！

蘭嶼島上的雅美族人，爲台灣唯一的捕魚民族，文化特質自然偏重在海洋與捕魚方面，其中尤以頭尾翹起的刳木拼板船最著名，船身與船頭的雕刻極爲細緻精美；新船下水時，更要舉行隆重、特殊的新船下水禮。此外，丁字褲、藤笠、木盔、八角頭盔以及用金、銀、琉璃珠打造成的特殊飾物，都是雅美文化中最獨殊的一面。

人口都在五千人以下的賽夏、卑南和曹族三族，雖然勢力微弱，但每族都有足以代表自己的特徵；賽夏族的矮靈祭，卑南族的狩獵祭以及曹族社會中訓練成年男子的會所，都是這些弱小民族獨特的文化表徵。

融合了平埔族文化，又兼受荷蘭人、西班牙人以及日本文化的影響，由福佬人和客家人共同組成的台灣漢人文化，則和原住民文化的單純與原始性恰恰相反，而成了一個豐富、完整且多變的文化領域。

台灣的漢人社會，屬於典型的移民社會，從漢人拓台迄今，漫長的三百餘年間，台灣歷經數次不同政權的統治，又受到外在環境與生存條件不同的影響，使得原本來自於中國福建和廣東一帶的文化，早已蛻變成蘊含先民華路藍縷墾拓精神與海島特殊環境，兼容各地外來文化特色的台灣傳統文化與藝術。

組成台灣傳統文化與藝術的主要因素，大體不脫：宗教信仰、歲時節俗、語言文字、飲食衣著以及戲曲民藝等五大類。台灣的宗教與歲時節俗，大都承襲中國盛行的道教與佛教，但因受日人統治的影響，台灣的道教和佛教漸混而不分，歲時節俗因受熱帶環境影響，較重夏季活動，冬季的歲時祭祀反而較被忽視，語言方面，原以福佬話爲主，客家話爲副，國民政府領台後，積極推行北京話爲國語，使得其他語言較受壓抑，近年情況雖稍改善，地方語言的教育仍不能落實。

台灣人的飲食和衣著，在拓台之初，因受物資匱乏的影響相當大，早期都相當簡陋，布衣粗食是島民生活最具體的寫照，二十世紀中葉以降，情況才逐漸改善，晚近因受西方文化影響頗大，衣著已接近全盤西化，飲食則中西式混合滲半。

台灣的傳統藝術，無論是工藝或者戲曲，都有相當突出的成就！在工藝方面，因受產物以及藝師移民的影響，發展的項目較少而集中，其中大都爲民間必需品，如精妙絕倫的寺廟石雕、剪黏、廟繪、交趾燒……等，這些完全都因民間信仰的需要而生。家庭器具的木雕、藤編、草編和竹編，則是人們生活中不可或缺的

●阿美族人大都擅長捕魚與製鹽。

●拓台之初，布衣粗食是島民生活最具體的寫照。

日常用品。此外，各式各樣的刺繡，則爲應付人們喜慶的需要，金銀錫器則裝飾了人們的生活。

傳統的戲曲以南管、北管、布袋、傀儡、皮影、客家戲與歌仔戲爲主，另有歌舞小戲和說唱雜唸等，這些戲劇雖然大部分都來自中國，但長期在台灣發展的結果，無論在曲韻、唱腔、做工以及型態上都有很大的不同，而歌仔戲更是擷取其中多種劇種精華，在台灣繁衍誕生的新劇種。

唱腔哀怨、曲調委婉的南管戲，是台灣最古老的劇種，清代中葉以後，熱鬧活潑，以武戲見長的北管戲傳入台灣後，南管戲逐漸式微，北管戲成了各種迎神賽會或者宗廟慶典場合中最主要的戲劇。

客家戲原是中國的採茶戲之一，來到台灣後，爲適應不同的需要，加入了許多北管戲的特點，歌仔戲興起後，又受到歌仔戲的影響，而成了以客家話發音的「大戲」。

台灣的歌仔戲，原爲中國的錦歌流傳到台灣後，融合北管、京戲等劇種的特色，發展出來的一種自由、活潑的劇種，大約在清代末葉興起後，漸受到歡迎而逐漸成爲台灣最普遍易見的地方戲曲。

台灣的偶戲，首推布袋戲，它的藝術價值除了單手操演唯妙唯肖的表演藝術外，精緻的木偶雕刻、細膩的戲服以及巧奪天工的戲台……都是這項偶戲受到最多人喜愛的重要因素。

傳統傀儡戲最主要的功能則在於祭煞與祛禍，它是傳統偶戲中宗教功能最強的一類，此外，懸絲表演的藝術和戲偶造型，也令人嘆爲觀止。皮影戲的演出必須借燈取影，戲偶則以皮雕成，演出雖以平面型態呈現，但在精湛的藝師手中，仍可千變萬化，豐富不已。

台灣，雖只是彈丸之地的小島，卻由於許多

●精妙絕倫的交趾燒。

來自不同地方的移民以及多次不同的政權更迭，加上每一代先民付出的努力與智慧，終使得這個海島，擁有最豐富的傳統文化與藝術，不僅是台灣人的精神標竿，更是這個島上每個人民共同擁有的豐富財產！

——原載一九九〇年二月廿五日民衆日報〈台灣風土月報〉。

——以多媒體形式於一九九〇年三月十八日於台北國賓飯店向數百位外籍人士發表。

●皮影戲的演出必須借燈取影。

繁花凋盡現殘景

——略述台灣戲曲的發展與現況

台灣的地方戲曲，三百年前從中國傳到這個海島後，由於主觀環境的需要，一直發展得相當良好，在這段漫長的發展歷程中，很明顯地可以看出清中葉之前，戲曲的主要功能在於酬神，與宗教結合得相當密切。中、晚期之後，娛樂的成份逐漸提昇，至晚近百年來，戲曲的功能除了成爲廣大台灣人民最主要的娛樂，更是人民情感交流，力量凝聚的觸媒。太平洋戰後，在現代多元化娛樂的壓力下，傳統戲曲日趨沒落，漸被夾雜著粗糙聲光與低俗趣味的金光戲取代，儘管如此，現存的少數戲曲，如北管、布袋戲、皮影、傀儡以至於歌仔戲……等，仍有相當可觀之處。

壹／台灣戲曲的源流

要了解台灣的戲曲，顯需從台灣的發現與開拓談起。

根據諸多考古與歷史學家的考證，台灣的史前文化，大致可分爲繩紋陶器文化層、網紋陶器文化層、黑陶文化層、白陶文化層、原東山文化層、巨石文化層與菲律賓鐵器文化層。包括的歷史從四千年前至十六世紀，說明了在這段期間內，台灣本就有原住民族；此外，在隋、宋的史書中，也有諸多有關「琉球國」或「平湖」的記載，這些記載當然也可印證台灣在六世紀之前，便有了原住民；至明代以後，台灣的人口日衆，不僅成了中國沿海漁民的避風港，且漁民與台灣的原住民交易的情形日盛，「……始通中國，今則日盛，漳泉之惠民、充龍、烈嶼諸澳，往往譯其語，與貿易；以瑪瑙、磁器、布、鹽、銅簪環之類，易其鹿脯皮角。」（陳第《東番記》）。

原住民雖是台灣最早的主人，但人口稀少，開發程度較高的侷限在台南一帶，大都保留著原始的漁獵生活。到了鄭成功率衆渡海征荷，開啓大批漢人遷台的濫觴後，文明程度較高的漢文化，自然成爲這個海島的文化主流，小至人民的生活習慣、耕作技巧，大至生命禮俗、風土文物，都隨著漢人來到台灣。

中國的地方戲曲，當然也是隨著漢人渡海而來，它的第一次東渡，早在荷領時期，《最新台灣外誌後傳》載：「何斌有權柄，不敢作威害人，一味和氣，故很得番官及軍民欽仰，這何

●戲曲的主要功能在於酬神，與宗教密切結合。

●中國的地方戲曲第一次東渡，早在荷領時期。

斌每年亦有數萬銀入手，不娶妻，乃廣建住宅花園……家中造下二座戲台，又使人入內地，買二班官音戲童及戲箱戲服，若遇朋友到家，即備酒席看戲或小唱觀玩。……」；《最新台灣外誌後傳》雖爲演義小說，所述唱官音的戲團，爲何斌私人買下的戲團，演出僅限於何斌的花園內，對台灣的戲曲影響的程度不得而知，但至少可證明荷領時期，渡海移墾的漢人雖不多，無力全面移植漢文化，對只要稍有機會，必定不肯錯過！這種早期移民對母文化的眷戀，是一種極正常的現象，也是促使中國的民俗戲曲在台灣落地生根最主要的媒介。

明鄭領台後，主要的企圖雖只是想藉台灣做爲糧倉，以期養息生聚，反清復明，但不久後，咨議會參軍陳永華便認爲：「開闢業已就緒，屯墾略有成法，當速建聖廟、立學校。」其目的乃鑑於大多數隨軍來台的漢人，對原鄉的土地風物懷念日深，當政者自然急著重整中國固有的文風，同時更讓傳統的宗教信仰與地方力量結合，如此非但內可安定民心，對外也才有足夠的士氣抗清。

清康熙二十二年（一六八三），施琅率軍從福建銅山出發，先據八罩島（望安），接着陷馬公，八月又東取安平，這一連串的勝利，施琅善用明鄭部隊對海神媽祖的信仰，假藉媽祖顯靈助

●施琅假藉媽祖顯靈助威，瓦解明鄭的軍心士氣。

威，瓦解明鄭的軍心士氣佔有相當大的功勞。清廷領台後，對台灣的政策一直搖擺不定，初期更實施嚴格的海禁措施，卻也無法禁止漢人東渡，至康熙四十九年（一七一〇），「數年間而流移開墾之衆，又漸過半線大肚溪以北矣！此後流移日多，乃至南日、後壠、竹塹、南崁。……」（周鍾瑄《諸羅縣志》），當時台灣開墾之盛，主要因爲中國西南沿海連年大旱，糧食缺乏，台地卻雨水充沛，物產豐隆，人民面臨生死存亡的關頭，當然不是清廷區區一紙「嚴禁渡台令」所能禁止的。

大批漢人移墾台灣，使康熙、雍正年間，西部大都已初拓，東部的花蓮、台東，也有漢人敢去與當地的原住民交易，至雍正五年（一七二七），設淡水營守備，派千總、把總駐屯八里坌，自此以後，漢人的足跡遍及全島，不僅加速了台灣的開拓，更使得漢文化原有的民俗戲曲，迅速地在各地落地生根。

清領前期的地方戲曲，與民間信仰的關係最密切，「二月二日，各街社里。逐戶斂錢宰牲演戲、賽當境土神，名曰春祈福。」（高拱乾《台灣

府志》）：「肩披鬟髮耳垂璫，粉面朱脣似女郎（梨園子弟，垂髫穴耳，傅粉施朱，儼然女子）。媽祖宮前鑼鼓鬧，侏離唱出下南腔（閩以漳、泉二郡爲下南。下南腔亦閩中聲律之一體也）。」（郁永河《台灣竹枝詞》）；除了二月二日以及媽祖誕期外，正月十五日、七月中元、八月中秋、冬至節以及各種角頭神明的誕辰，寺廟的爐主與頭家，都會分別向民衆收取「丁口錢」，請來劇團盛大演出，以酬謝神明的庇佑。

劇曲的種類，則完全以移民原鄉盛行的劇種爲主，朱景英撰《海東札記》載：「演唱多土班小部，發聲詰屈不可解。譜以絲竹，別有宮商，名曰：『下南腔』。又有潮班，音調排場，亦自殊異，郡中樂部，殆不下數十云。……」另外，還有皮影、布袋、傀儡等偶戲以及清中葉以後興起的車鼓、北管等劇種，隨著漢人渡海來台後，在台地四時皆不免演劇酬神的風氣盛行之下，很快地便落地生根，發展得相當良好。

源於中國的劇種，在中國就已發展得相當完整，來到台灣後，卻因地理環境相異以及各地居民交雜，使得這些完全脫離母文化的戲劇，

●早期台灣的地方戲曲，與民間信仰關係密切。

只得融合台灣實際狀況的需要，在本質或演出形式上做了某些修正，「蓋台地最喜演戲，多以古人報賽田社之文粉飾太平，然於村野猶可言者，若城市者實以豪侈相尙遇有吉凶大故，賊崇釋道矜布施傾其家資以悅耳目。虛文日重，眞意日離，此傷風敗俗之甚者也。書生口吶，難以家喻戶曉耳。……」（吳子光《一肚皮集》）。

清中葉之後，台灣戲曲的改變，很明顯地朝向娛樂取向，也就是連雅堂形容的：「村橋野店，日夜喧闐，男女聚觀，履舄交錯，頗有驩虞之象。」這種現象產生的原因，主爲彌補早期社會缺乏娛樂，本爲酬神、敬神而演的戲，本身含有頗強的故事性，加上台步、戲服、唱詞也有頗高的欣賞價值……等種種緣由，終使得台灣的戲劇，從最初與宗教緊密結合的狀況，逐漸轉化成以酬神之名，娛樂爲用的實用價值。

地方戲曲從宗教意義轉化成娛樂價值之後，直接造成了幾個重大的影響：

一、爲吸引更多的觀衆，逐漸加入一些粗糙、低俗的東西，使得地方戲曲產生本質上的變

●清中葉之後，戲曲很明顯地偏重娛樂取向。

●由於戲劇演出頻繁，促使「子弟社」的興起。

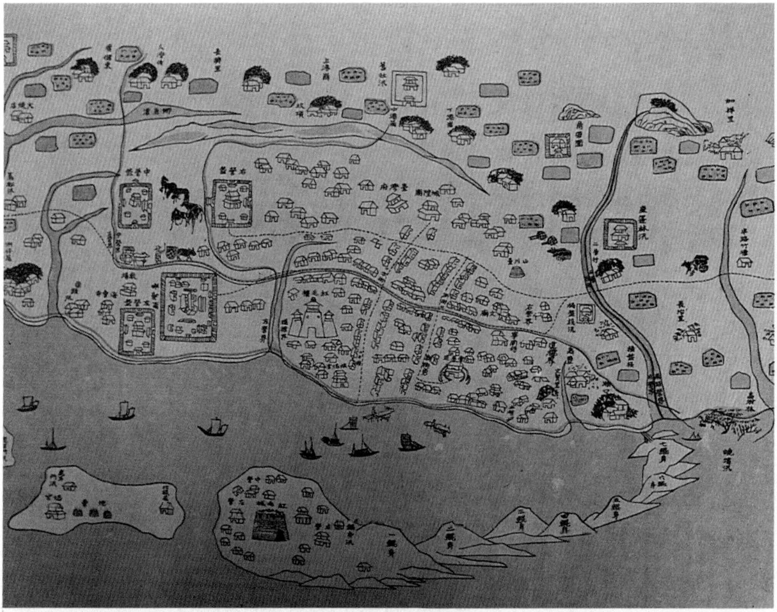

●開發之初的台灣，是無數先人用血和汗寫下的，每一點滴都是一則篳路襤褸的故事。

●歷史上的台灣，曾經是無數外強覬覦的目標，他們或者用武力攻佔，或者用經濟侵略。

●原住民是台灣最早的主人，他們大都以漁獵維生，生活原本無憂無慮。

▲美麗的山川，青葱的島嶼，是早期台灣最貼切的寫照，可惜這些美景現今愈來愈不容易見到了。

●俗稱「亂彈」的北管戲，是台灣最重要的劇種之一，今僅剩台中旱溪「新美園」一團。

●優雅柔美的南管戲，是最早隨漢人渡台的劇種，如今已不易見到了。

●南管音樂是民間最典雅的音樂，彰化的鹿港及台南市是它最後的據點。

化，連雅堂修《台灣通史》云：「演劇爲文學之一，善者可以感發人之善心，惡者可懲創人之逸志，其效與詩相若……」這種高雅且含有教化功能的戲曲，可惜不能維持下去，在觀衆的需求下，遂出現「一男一女，互相唱酬，淫靡之風，侔於鄭衞……」之類滿足人類感官刺激的通俗劇。

二、由於戲劇演出頻繁，促使「子弟班」的興起；「子弟班」爲早期台灣民間因戲曲而結社的組織，參加人員都是地方上有錢或有閒人家的子弟，因喜歡觀劇，又爲避免無所事事，誤入歧途，乃由父老出錢出力組織「子弟團」，平時每天利用固定時間練習，一方面自娛，又可打發時間，遇有神明壽誕或喜慶節目時，更可粉墨登台。這種結社的狀況，清中葉以降，一方面由於戲劇的功能日漸娛樂化，再者當時台灣的開拓已大抵完成，人們漸漸有較寬裕的時間與金錢，可以組成「子弟班」。

三、因受上述兩因素的影響，繁衍出許多地方小戲；台灣的地方戲曲，雖泰半源自中國，但在台灣發展了數十年甚至近百年之後，表演型態大都偏離了原來的形貌，而融入了許多台灣的地方色彩，像車鼓戲、採茶戲、公揹婆、跳鼓陣、乞丐戲等小戲，便是衍生在台灣，活動力強大而且頻繁的新劇種；此外，更有揉和說唱、亂彈與京劇等劇種的精華，並在台灣大受歡迎的歌仔戲：「有員山結頭份人名阿助者，傳者忘其姓氏，阿助幼好樂曲，每日農作之餘，輒提大殼弦，自彈自唱，深得鄰人讚賞。好事者勸其把民謠演變爲戲劇，初僅一、二人穿便服分扮男女，演唱時以大殼弦、月琴、簫、笛等伴奏，並有對白，當時號稱『歌仔戲』。」（李春池《宜蘭縣志》）。

戲劇的娛樂趨向而產生的種種現象，最能說明清道光年間之後，台灣戲曲興盛的狀況，這種盛況持續到日領時代，因日本當局的政治壓力，地方戲曲才逐漸走下坡，而在這段由興盛到式微的過程中，各種不同劇種的更迭，也有一段相當動人的歷史。

貳／台灣劇種的興盛更迭

儘管沒有明確的史料，可以說明各個不同劇

●公揹婆便是衍生在台灣，活力強大的民間小戲。

●融和多種劇種精華，在台灣大受歡迎的歌仔戲。

種傳入台灣的先後順序，但依各劇種興衰的時間，再與台灣開拓的狀況相比對，仍可釐清各個不同劇種更迭的概況。

大體而言，最早進入台灣的當屬南管，郁永河《台灣竹枝詞》中以及朱景英《海東札記》中的「下南腔」，正是典型的南管梨園戲，這個劇種唐宋以前便奠下基礎，主體保存在泉州一帶，盛行的地區則包括泉、漳州兩屬各縣及厦門一帶的閩南地區，明末隨漢人傳至台灣，表演的形式可分爲戲和曲兩大類，吳瀛濤撰《台灣民俗》云：

南管音樂發生於長江以南的地方。而台灣的南管樂屬於福建泉州一帶的音樂。樂調悠長清雅，不用鑼鼓等打擊樂器而單用管絃，爲最適靜的室內樂之一種。曲詞均以土語音唱之，樂曲比北管高尚。發聲法，由丹田發出。有時不連曲詞，僅奏樂曲。

南管，由於樂器及演奏法的差異分兩派，即郎君樂與南管樂。

郎君樂：使用樂器有五種，即：拍板（五片黑檀板之連組）、洞簫（表面有五孔，背面有一孔之吹笛）、琵琶（四絃，型稍小）、二絃（胡琴，竹筒造）、三絃（蛇皮線）。郎君樂的起源，據說在唐朝；而於清朝，曾於康熙帝前演奏，得恩賜黃色涼傘。自此奏此樂，必先立涼傘於旁，以示權威。「御前清曲」的稱號亦由來於此。樂士五人以上十二人或二十四人，多爲地方士紳。樂曲兩種：一爲有唱詞，二爲無唱詞者。

……

南管樂：一名稱爲「笛管」，因樂器中採用笛。使用樂器七種，以月琴代替郎君樂的琵琶、二絃、三絃、又以笛代替洞簫、拍板。歌曲則有：〈連步行人〉，〈小將軍〉……均爲高尚的太平歌……

可惜這種曲調悠長清雅，戲劇溫婉柔美的戲曲，卻因爲行腔吐字柔慢，動作文謅謅的，劇情起伏不大而流於冗長沉悶。清中葉以後，移民愈多，開拓面積愈廣，社會的脚步愈快，觀衆逐日漸失去耐心，也就在這時候，以喧鬧音樂與激烈武戲爲主的北管樂與北管戲乃趁虛而入，攻城掠地的逐步搶走南管戲的觀衆。

北管同南管一般，也分爲樂曲和戲劇兩類，吳瀛濤撰《台灣民俗》的介紹如下：

●南管樂樂調悠長清雅，不用打擊樂器而單用管絃。

北管音樂發生於江南以北。使用樂器，乃以南管音樂樂器加上大鼓、嗩吶等。歌調哀怨，略帶輕浮。歌調本用北京音語，多在演戲時伴奏，因使用大鑼、大鼓等打擊樂器，頗覺喧噪，比起南管，富有強烈的刺激。

這段記載，很清楚地說明了北管與南管的差異之處，而其熱鬧喧噪、強烈刺激的特色，正是南管樂與南管戲所缺乏的，也就難怪短短的期間內，南管的觀衆便大都被北管戲與北管音樂搶走。

北管戲在清中葉興起後，影響最深的就是帶動「子弟戲」的興盛，所謂「子弟戲」，片岡巖撰《台灣風俗誌》謂：「多半是由普通良家子弟演出，他們並不以營利爲目的，完全是基於興趣和娛樂，排練好了之後組成戲班，應人家之請到各地演出，而且多半是自費演出。這種戲班的特點是服裝華美，例如現在（一九二一年）台北的『平樂社』，台南市的『遏雲軒』等都是。」王詩琅撰《艋舺歲時記》更進一步解釋說：「本省自昔稱業餘的樂團爲『子弟』或『子弟班』，又稱這『子弟班』非營業性的不取報酬，於是登台做的戲爲『子弟戲』。這『子弟班』和『子弟戲』在本省素來很普遍，幾乎任何大城市小鄉鎮都有存在，經常到處看到他們演的戲。本省所有『迎鬧熱』——即迎神的大隊伍，或喪葬出殯時雜在行列中的南、北管的固有樂團也大都是這些『子弟』，尤其是『迎鬧熱』隊伍的主力可以說就是這些『子弟班』。」

當然，「子弟班」所學的劇種，並不僅限於北管，南管、八音、四平、高甲……等劇種都有地方有錢或有閒人士組成「子弟班」，但數量並不多，與「北管子弟班」相較，甚至不及百分之一，因而「子弟班」逐漸成爲北管子弟的泛稱。

「子弟班」隨著北管戲而興起，至清末日領初，已發展至空前興盛的程度，不僅各角頭，各稍具規模的寺廟，都擁有「子弟班」，許多商業公會以及職業公會，也都競相組織「子弟班」，如此百家爭鳴的景象固然是好，卻也由於派別的不同，惡性競爭的結果，遂形成了西皮

●「迎熱鬧」隊伍的主力大都是些「子弟班」。

與福路之爭，伊能嘉矩撰《台灣文化志》載：

> 西皮、福路之紛爭，曾在台灣屢屢發生。西皮、福路乃古來在中國之福建地方分派之二樂曲之名稱，要之，起因於其所崇信之神靈與奏唱之鼓樂不同。……而兩派各自以其所信仰者爲正，同時斥他方爲邪，樹黨分類相抗，並無趣味於樂曲之一般民衆亦附和雷同，變爲互相勢力競爭之見，終至互相執械私鬭，加之無賴遊手好滋擾之徒，乘機藉端肆爲煽亂，甚有骨肉相鬩，同胞相殘亦不顧者，或兩派之間一旦小故齟齬，西皮之一人先唱，舉全派與之，福路之一人嚮導，舉全派同之，由數十人及於一村一落，殆以一日千里之勢動搖全部地方，於是兩派之紛爭漸經累積，其積怨宿忿倍加蟠結，不易解釋之。

光緒二十八年……基隆地方附近到處開釁隙則其一例也。由當時該地方長官特發諭告云：「近來西皮、福路兩派瀰漫基隆，樹黨分類，睚眦反目，動輒兄弟相鬩，骨肉相殘，而市井之無賴藉端乘機，滋滋騷擾，幾踏分類械鬥之軌轍，繹其所由來，唯是崇信之神靈與奏唱之鼓樂不同而已，此之影響，商估之市爲之萎靡，舟車之途爲之梗塞，旋將釀成鄉黨之禍厄，如斯敢爲有害而無一利之狂態，恬然無所恥，抑亦何心邪？假使頑冥矇昧所致，至其破國憲，傷民安，斷非爲官所容也。……」

當時如此激烈的西皮、福路之爭，對社會產生了頗大的影響，但在「輸人不輸陣，輸陣歹看面」意氣之爭下，各「子弟班」根本無視官方的禁令，只一心一意膨脹勢力，擴增力量，當然更直接的帶動了「子弟班」的蓬勃發展，如此互動的循環關係，「子弟班」乃像是個脫韁的野馬般，全無節制的盲目擴張發展著，直到太平洋戰爭爆發後，在日人的強迫手段下，「子弟班」的氣燄才被壓了下來，因西皮、福路之爭而引發的械鬥遂完全休止。

自清中葉北管取代南管，接著又有「子弟戲」瘋狂的崛起，使得台灣的北管戲足足風光了一百年。當然，在這段期間內，仍有其他各種戲

●「子弟社」的興起，對台灣的民間表演藝術有極大的助力。

曲在台灣活躍過，這可分爲兩大類來談，一是與南、北管有密切關係的劇種，二是其他來源的地方戲或台灣新興的劇種。

我們先談與南、北管有密切關係的劇種，這類的劇種據呂訴上〈台灣戲劇分類簡表〉的統計，共有：正音、藝妲戲、亂彈、查媒戲、司公戲、九甲、四平、皮影戲、布袋戲，加禮（傀儡）戲等項；其中的正音與亂彈，都是北管戲之一種；藝妲戲則爲藝妲陪席酒筵時所演的戲與唱的曲，所採南、北管皆有，視藝妲本身的程度與樂師的搭配而定；所謂查媒戲，片岡巖撰《台灣風俗誌》中的解釋是：「就是少女歌劇團所演的戲，完全用北管音樂伴奏。」，司公戲則是道士爲了科儀之需，所演出的戲，其目

●九甲又稱九家，表演時常向觀衆「駛目箭」。

的以宗教用途爲主，配樂都採北管。

九甲與四平，則是原始的南管與北管戲繁衍而生的劇種，吳瀛濤撰《台灣民俗》解釋得相當清楚：

九甲，又稱九家，一班演員九名，因有此稱。另說其名稱係指南唱北拍即南北「交加」的同音異字。也有稱此爲白字戲仔。此戲傳自泉州，台詞純用泉州語，音樂用南管，表演風格帶著淫邪的秋波，俗稱「駛目箭」，曾風行一時。

四平，又稱四坪、四棚，均係同音異字。因傳自潮州，又稱潮州戲。語多帶粵語，配樂用北管的西皮派。舞台中央帳幕懸掛「當朝一品」字樣，而戲班名，如復興鳳、小龍鳳，多用鳳

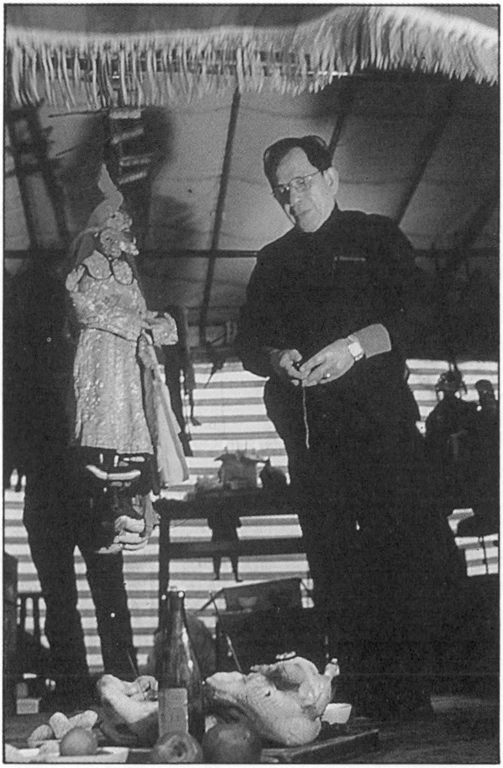

●「傀儡」爲傳統的祀神之劇。

字爲記。

至於三種以偶演出的偶戲，連雅堂在《雅言》中的介紹，大體可幫助我們了解這些劇種早期的面貌：

「傀儡」爲祀神之劇。開演之時，連鑼數次；乃請所祀之神曰相公爺者，繞場三匝。演者信口而念曰：「路里令，里路令；路令、里令，路路令；里令，路令，里里令；路里令，里路令」。循環雒誦，凡數十語，此眞有音無意義矣。……

「掌中班」有南、北曲之分，說白皆用泉語，詼諧盡致；作對吟詩，饒有趣味。且常演全本。雅俗咸喜觀之。

傀儡班、掌中班之外，又有影戲。剪皮爲人，施以五彩，映影於幕，如走馬燈；亦有彈唱，入夜演之。台人謂之「皮猴」。故俚諺曰：「一冥看夠天光，怮知皮猴一目。」以喻人之不曉事也。皮猴之戲，今已甚少，唯台南鄉間尚有演者。

第二類與南、北管無直接關係，源自其他地方或者發生自台灣的劇種，應分日領前或日領後兩階段來談，前期傳有車鼓戲、採茶戲、歌仔戲、七脚仔戲等項。

車鼓戲和採茶戲，分別是流行在閩南與客家社會中的小戲，或說源自於中國，或說出自台北，因內容多涉及男女私情，表演涉及猥褻，曾遭衞道之士大力抨擊，連雅堂的《雅言》便有如下的批評：「『車鼓』、『采茶』，皆民間一種歌曲；亦能扮小劇。如《桃花過渡》，一男一女粉墨登場，彼唱此酬，辭近淫褻。村橋野店，燈影迷離，遊人雜沓，每至僨事；故舊時禁之。」

歌仔戲的源起，或說源於中國的錦歌，或說誕生自台灣，兩派說法爭論不休，但以誕生於台灣的支持者居多，七脚仔戲又稱七子班，是一種由孩童組成的囝仔戲班，平時只做業餘演出，後逐漸演變成職業劇團的訓練班，也就是某些戲班班主，以長工的方式找來一些小孩，先把他們集中在一起學戲，稍有一點成績後，只要有機會，便安排做業餘的演出，一方面訓

●車鼓戲和採茶戲，分別是流行在閩南與客家社會中的小戲。

●歌仔戲的源起，一般認爲是台灣土生土長的劇種。

練膽識，同時也磨練演技，至身材稍大或演技純熟後，便加入職業劇團。

日領之後傳入台灣的劇種，則是些現代劇種，諸如：改良戲、文士劇、新劇、學校劇、青年劇、歌舞劇、播音劇、連鎖劇以及腹語偶人劇等等（呂訴上資料），這些劇當初全因政治的理由傳入，並強迫推銷了好一陣子，卻一直僅在官方的單位或某些特殊場合才會出現，並未在民間落地生根或產生本質上的影響。

綜觀上述各類劇種，有一個明顯的現象是，與北管有較密切關係的劇種，諸如布袋戲、皮影戲、四平戲等，初隨著北管子弟與亂彈戲的興盛而大受歡迎，幾乎每天都可在各地看到各種不同的劇種分別上演，而其他的劇種，演出的機會兩相比較，就顯得少得太多了。

這種現象一直持續到太平洋戰爭爆發，日人急切地推行「皇民化運動」，強行禁止各種野台戲演出，少數得以繼續演出的，內容及型式都被迫改成宣揚日本軍國主義的「皇民劇」，如此遂把當時正蓬勃發展中的各種地方戲曲，推入無法挽救的深淵中。

●金光化最徹底的莫過於布袋戲與歌仔戲。

叁／戰後的台灣戲曲概況

一九四五年太平洋戰爭結束，國民政府接收台灣，沒想到卻因陳儀施政不當，造成不同省籍人士的嚴重衝突，引發了震驚全世界的「二二八事件」，使台灣陷入空前的悲劇與苦難，這個嚴重的政治衝突，不僅使得許多台灣菁英被殺，其他多數的台灣人也陷入莫名的政治恐懼症，更因此引來了長達卅九年的戒嚴，使得國府當局對台灣文化的刻意壓制，六〇年代以後，又有歐美文化的大肆侵入，遂使得戰後台灣戲曲的發展遭受相當嚴重的打擊，本質上也產生革命性的變化。

太平洋戰後的最初十年內，由於政局極度不穩，政治事件層出不窮，嚴重影響人民的生活，戲劇的演出機會因而大幅減少，至一九五二年，國府當局又推行「改善民俗，節約拜拜」政策，停止各種拜拜及迎神賽會，更嚴格限制各種外台戲演出，如此一來，遂迫使戲劇的活動幾至完全停止的地步。

五〇年代以降，台灣的社會、政治已漸上軌道，傳統藝術本應可逐漸復興，卻因政治的禁忌以及教育的偏差，讓歐美文化趁機入侵，並大舉佔領台灣的各種文化層面，尤其是娛樂方面，新式的聲光之娛搶走了大部份野台下的觀衆；台灣地方戲曲大都無法挽救如此江河日下的頹勢，少數不甘就此沒落的戲種，拼命加入諸多現代化的東西，諸如道具、聲光、劇情、唱曲以至於台步……等等，形成了極盡聲色之娛的所謂的「金光戲」。在衆多劇種中，金光化最徹底的莫過於布袋戲與歌仔戲，這兩劇種遂也成爲戰後台灣最爲活躍的地方戲曲。

台灣布袋戲的金光化，關鍵人物有二：一是南投新世界劇團的陳俊然，二是崙背五洲園的黃俊雄。約在六〇年代初期，陳俊然鑑於後場師傅日漸凋零，再者也爲壓低演出成本，以圖掙得更多的演出機會，率先以北管唱片取代後場師傅。這項改革雖然違反了傳統戲曲講究「三分前場，七分後場」的原則，但演出型態與表演內容依舊承襲著北管戲的精神與技藝，他的改良，主要是爲了因應需要；第二個改革者黃俊雄，則懷有相當大的企圖心，希望藉著改革締造個人表演事業的高峯。因此，他不僅用唱片取代後場，音樂的內容也改成現代化的或是西方的音樂，演出的戲偶也由原本三十公分的傳統戲偶，改成五、六十公分，頭、手和身體比例不對的大型偶，傳統的彩樓戲棚則成了油彩繪製的布景戲台。此外，更加入了霓虹燈、流星管以及噴火焰、使機關……等等現代特技。如此一來，雖然大幅降低了傳統布袋戲的表演藝術，卻因新鮮，具有現代聲光效果，而造成「金光戲」的風行。

台灣歌仔戲的異質化，大體與布袋戲類似，其最初的目的僅爲因應日益現代化、功利化社會的需要，於是逐漸加入一些現代化的情節、內容以及服飾、燈光、特殊效果等等，其目的僅在於吸引觀衆。

布袋戲與歌仔戲，在戰後迅速取代原有的北管、京戲等典雅劇種，成爲台灣戲曲中最受歡迎的劇種，電視的推波助瀾是最主要的影響者。一九六九年，黃俊雄的金光布袋戲「雲州大儒俠」率先進入了電視台，掀起了第一次電視與野台金光戲的最高峯，這股永遠打不完的東南派與西北派之戰，一直維持到一九七三年，被迫停止播出才稍退。

一九七九年，楊麗花的歌仔戲團首度在電視台上出現，開啓了一個電視歌仔戲的嶄新紀元，雖然電視歌仔戲由於演出型式的變質，而被譏爲「穿古裝的連續劇」，但因多少仍保留一些歌仔戲的唱腔與台詞，一般的民衆仍願以歌仔戲視之，這種情形雖然不能把電視機前的觀衆引到野台，但卻給了野台歌仔戲無比的酵素，使得它們急速的往「胡撇仔戲」之路發展。所謂「胡撇仔戲」，乃是傳統歌仔戲爲求改變，結合了現代化的聲光科技與珠光寶氣、濃粧艷抹的扮相，劇情也毫無章法的擅自改變，唱曲則滲入大量的流行歌曲，使得整體顯得金光閃閃，粗俗不堪，毫無藝術價值可言。

布袋戲的金光化與歌仔戲的粗俗化，在現代人追求感官刺激的需求下，迅速躍昇爲台灣戲曲中的主流，彷彿也把台灣的傳統戲曲帶入了一個新的高峯，但這只是藉助傳播媒體所呈現的表象喧嘩罷了，實質上非但沒有助益，更有日漸萎靡的現象，不僅劇團數愈來愈少，演出

●傳統的彩樓戲棚，金光戲改成油彩繪製的布景戲台

的場次也日益減少，有些較乏知名度的劇團，一個月甚至演出不到幾棚戲。

除了上述兩劇種，其餘的各劇種大都已走向窮途末路，戰前唯我獨尊的北管亂彈戲團與子弟戲團，數量年年遞減，至八〇年代以降，亂彈班僅餘台中旱溪「新美園」一團，「子弟班」的情形雖稍好，但多數的團體已無登台演出的能力，泰半場合僅以「排場」應付（後場演奏曲牌爲主，兼或由一、兩人清唱曲，不粉墨也不登台），更多的時候，淪爲寺廟慶典，民間喜慶場合中，共迎熱鬧的陣頭，甚至連送葬隊伍中，也可見到一些「子弟班」扛著白旗，以因應弔喪之需。

與南、北管有重要宗親關係的高甲與四平戲，當然也隨著戰後傳統的沒落而式微，戰後初期，這些劇種仍分別活躍在彰化、嘉義一帶以及桃、竹、苗客家地區，至六〇年代降，這兩劇種都僅剩不到五團，演出的內容也嚴重的歌仔化，到了八〇年代，高甲僅餘員林「生新樂」與伸港「正新麗園」兩團，四平戲則有「宜蘭英」獨撐大局。客家大戲與採（挽）茶戲的

●八〇年代以降，亂彈班僅餘王金鳳領導的「新美園」一團。

境況，也和前述各劇種差不多，前者又因客家族群逐漸閩南化，客籍新生代大都外出到閩人的社會打天下，觀衆的年齡層逐日提高且稀少，發展更受困頓，曾被認爲淫蕩的採茶戲（現稱挽茶車鼓），以現今的道德標準來看，除了打諢穿科之外，已毫無可議之處，但卻因此而使得觀衆大減，存活日漸困難。

在偶戲方面，劇團數量曾爲全台之冠的布袋

●「亦宛然」成爲各地競相邀請的示範演出對象。

戲，現今僅餘三百團左右，不到最盛時的一半，且泰半都淪爲金光戲，仍能堅持傳統的僅有：「亦宛然」、「似宛然」、「哈哈笑」、「美玉泉」、「小西園」、「新興閣」等幾團，近年來由於各界的推廣與宣傳，這少數僅存的傳統劇團，成爲各地競相邀請的示範演出對象，日常性的常態演出，情況仍相當不理想。盛行於台南、高雄一帶的皮影戲，戰後初期仍有九團，五○年代之後只剩下四團，其中活動力較強的也只有彌陀「復興閣」一團而已；早期大都用以祭煞驅邪的傀儡戲，自六○年代，國府倡議大力破除迷信之後，處境也日益困難，至今雖仍有頭城「新福軒」、宜蘭「福龍軒」，以及阿蓮「錦飛鳳」等劇團，日常幾至完全停演的地步，遇有政府舉辦的文藝活動時，才有亮相的機會。

國民政府遷台後，帶進的許多中國劇種，除了被定位爲「國劇」的京戲，另有閩劇、湘劇、粵劇、河南梆子、崑曲、潮州戲、江淮劇、川劇等，但大都僅在同鄉會中才可看到；即使如京戲在電視中經常輪播，但因演出形式與語言，與台灣人對戲劇的接受性有頗大的差異，被接受的程度極其有限。而國府每年均花下數億元資助京劇，演出仍僅止於電視台或國藝中心等特定場所，對台灣民間的影響甚少，自然不能與台灣地方戲曲相提並論。

台灣的地方戲曲迅速沒落之後，取而代之的竟是充滿物慾的電子琴花車、輕音樂歌舞團、與便宜取勝的戶外電影隊。五、六〇年代便出現在台灣的輕音樂歌舞團，最早只是以流行歌曲和妙齡少女吸引觀衆，至七〇年代以後，如此保守的表演形式已完全不能吸引觀衆了，爲圖生存，只得以衣著暴露的少女來吸引觀衆；至八〇年代，原本專爲送葬隊伍演奏輕音樂的電子琴車，發展成爲裝璜豪華、艷女歌舞的電子琴花車，嚴重打擊輕音樂歌舞團的生命，這兩種現代化的表演形式，競爭日益激烈，彼此不擇手段之餘，脫衣艷舞遂成爲他們最後的一張王牌，演變至今，情況日益激烈，對傳統戲曲的打擊更是嚴重。野台電影隊的盛行，則是七〇年代以後的事，以在戶外（神廟前或喜宴場合）放電影的方式取代傳統戲曲的演出，由於只要兩名放映師，完全不需要演員，成本自然大幅降低，許多請戲的人因貪便宜，也就捨傳統而改映電影。因至八〇年代後，野台電影已大幅取代了民間戲曲的地位，爲應酬神演出的需要，還把一般戲曲演出前的扮仙戲拍成電影，在正式電影放映前，也依樣畫葫蘆地播放影片扮仙，這種現象，最能說明戶外電影在民間活躍的狀況。

綜觀台灣戲曲的發展歷程以至歷年來各戲種的興盛更迭，顯示傳統戲曲無論在什麼樣的時代裡，都忠實地反映了當時的社會步調、人們的品味以及一個時代的藝術觀；今天，雖然在本土教育缺失，歐美文化強勢入侵以及社會嚴重功利化的情勢下，使得那許許多多具有優美台步、極富象徵意義、動人曲調、特殊演技的傳統藝術日漸沒落，但本土地方戲曲留給我們的，硬體如服飾、臉譜、樂器、劇本；軟體如唱腔、音樂、道白、身段等等，都絕對是最具地方色彩，且含豐富意義的地方藝術，保存的價值自是無庸置疑的！

——原載一九八八年九月・十月自由時報副刊

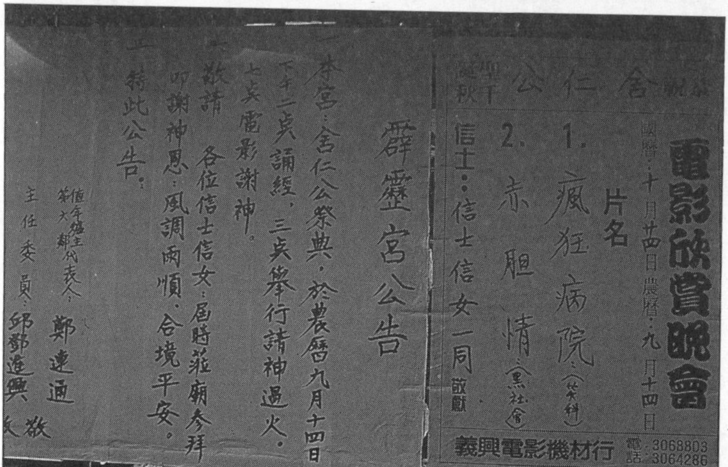

●充滿物慾的電子琴花車、輕音樂歌舞團。

●八〇年代後，野台電影已大幅取代民間戲曲的地位。

病變的台灣民俗曲藝

——略論台灣民俗戲曲的變革與難題

壹/序說

台灣雖處於海隅一地，三百年來，歷經荷蘭人、西班牙人以及日人的強權統制，日領末期，日當局為同化台灣人，強制推行「皇民化運動」，企圖毀滅台灣原有的民俗文化，成為日本民族的一支，雖由於戰敗而未能得逞，但綜觀台灣的地理與歷史環境，按說其民俗文化必會因外族的長期統制，受到某種程度的影響，甚至產生本質的變化。可貴的是，大多數堅忍、刻苦的台灣人，無論遭遇多麼艱困的環境，多

麼巨大的壓力，仍不肯屈服於異族的強權統制，即使偷偷摸摸，也要承續先祖們遺留的禮俗。因此，每當外權消失時，傷痕累累的傳統民俗、戲曲能在最短的期間內恢復舊觀，散發出更迷人的光采。

台灣光復已逾四十年，這段漫長的歲月，民俗曲藝的發展理應更蓬勃、更圓熟；但不幸不是被壓抑，便是遭到漠視；近年來，又因歐美強勢文化入侵，迷失在經濟利益下的年輕一代，更以接受「次文化」為榮……這些打擊與傷害，終造成今天傳統民俗沒落、戲曲變質的慘狀……

這種種現象，絕非關心本土文化發展的人士所樂見的。當然，已有少數人從保存、著書立說、傳承弟子……等各方面著手，企圖挽回民俗曲藝的頹勢，但這些工作絕非一朝一夕所能完成的，若想深入核心、一針見血地解決問題，則不能不從頭來探視民俗曲藝在台灣發展的脈絡以及近四十年來遭遇的重重問題……

貳／台灣民俗曲藝的源流與清代初貌

●堅毅的台灣人，在任何時代都能挺直腰桿。

所謂民俗，包含禮俗與信仰。禮俗的繁衍，乃為因應社會制度的需要而生；《論語》〈憲問篇〉載：「上好禮，則民易使也。」，〈為政篇〉又謂：「齊之以禮。」，朱熹註釋「禮」字：「制度品節也。」；信仰的產生，則始於人民對天地、山川的敬仰與膜拜心理；《禮記》〈卷十二‧

●台灣早在隋代之前，便有原住民。

王制云〉：「天子祭天地，諸侯祭社稷，大夫祭五祀。」，〈卷四十六・祭法〉又說：「夫聖王之制祭祀也，法施於民則祀之，以死勤事則祀之，能禦大災則祀之，能捍大患則祀之。」，上述原則，一直爲後人所遵循，且在制度品節的約束下，社會漸上軌道，人們因對山川神靈的感念，隨著朝代、社會結構的演進，發展成適合當代人民的禮俗、信仰與風土人情。至於戲曲的源起，分爲兩種情況：一是原爲皇宮、內院用來消遣的娛樂，後因政局變遷或其他原因流傳至民間；另一種乃爲配合宗教信仰的儀式或民間娛樂的需要發展而成的獨立劇種。無論是民俗或戲曲，發源都相當早，新石器時代的人們就已懂得用獸皮或樹葉遮體，說明當時的社會已有基本的禮俗與制度，樂曲的整理雖起於周公「制禮作樂」，但在新石器時代，人們已懂得裝飾日常用品及器皿，暗示了生活的藝術化原本就是人類心靈的最基本需求。到了漢、唐，民俗與戲曲隨著社會結構的改變，發展得更獨立且蓬勃；明、清以降，人類文明的程度愈高，社會的型態愈趨多元，民俗戲曲也顯得多樣化，新的民俗禮儀和戲曲在良好條件配合下，紛紛誕生了，舊有的民俗曲藝受到衝擊，也蛻變成更具鄉土性與藝術性的新貌。

台灣雖早在隋代之前，便有原住民。隋代之後，又有南島系的平埔族人移民來台，但直到明代末葉，大量漢人隨明鄭部隊以及往後的移民潮來到台灣，台灣才正式被開發，漢文化因而成爲主流。

從顏思齊登陸台灣到日人領台，漫長的三百餘年間，台灣歷經了荷蘭、西班牙，明鄭、滿清及日人的統制，其間還時被海盜盤據，政局一直不穩，政令也常更改。清代中葉之前，台灣仍屬拓墾階段，群山隔阻，交通不便，瘟疫流行，民生相當疾苦，但人民對傳統禮俗和戲曲仍相當重視。《台灣外志後傳》〈平海氛記〉載有：「何斌有權柄……家中造下二座戲台，又使人入內地，買二班官音戲童及戲箱戲服，若遇朋友到家，即備酒席看戲或小唱觀玩……」，顯示台灣早在荷人據台之時，便有中國的戲曲傳入。清康熙三十三年高拱乾修的《台灣府志》另有一段記載：「二月二日，各街社里，逐戶歛錢宰牲演戲、賽當境土神；名曰春祈福。」，「中秋，祀當境土神。蓋古者祭祀之禮，與二月二日同；春祈而秋報也。是夜，士子遞爲燕飲賞月；製大麵餅，名爲中秋餅，紅硃書元字，用骰子擲四紅以奪之，取秋闈奪元之義。山橋野店，歌吹相聞；謂之『社戲』。」，清乾隆二十九年王瑛曾重修的《鳳山縣誌》〈卷三・風土誌〉則謂：「凡祭於大宗，於春分、於冬至；祭畢飲福。台無聚族者，同姓皆與焉。家祭於忌辱、於元旦、清明、端午、中元、除夕。主未附者，更於冬至……」說明了傳統民俗戲曲，很快就落地生根。不過早期因天然環境阻礙及經濟困乏，民俗曲藝的發展只限於幾個較早被開發的城鎮。

明鄭時代移居台灣的漢人，遠離了故土家園，又因交通不便，大都沒能力回去慰解思鄉情結，對故土的一石一木懷念日深，對故鄉風俗信仰的崇敬更篤，這種現象反應在當時的政權中，先有明鄭大將陳永華的「勸農桑，禁淫賭，建聖廟，立學校」，提出「寓政於教」政策，讓宗教信仰與地方武力結合，使之內可自衛，

●傳統的民俗祭典，隨著漢人東渡而移來。

外抗清廷；後有施琅攻台時，運用人民對媽祖的信仰做爲心戰利器，瓦解多數來自閩南一帶的明鄭部隊軍心士氣；及至清廷領台後，仍常利用人民對媽祖的信仰，灌輸軍士媽祖顯靈助威的觀念，討伐叛逆，每每都贏得勝利；明鄭舊部爲了紀念鄭王功威，假借王爺之名祀之。這兩神祇信仰就因政治的微妙關係，深植民心，代代相傳，終成爲民間信仰中的主要神明。

清嘉慶年間以後，平地大都已被開發，水利灌溉工程日益普遍，農作物可一年兩收，人民生活有了較明顯的改善；道光、咸豐時代，公路網逐漸完成，山區墾拓的面積大增，加上港口建設完成，茶、鹽及樟腦等大宗輸出品，換來了不少外匯，對台地經濟有頗大的穩定作用；人民收入得到正常的回報，才有更大興致及金錢參與民俗活動、發展地方戲曲，這些豐富的養份滋潤，又與土地結合得日益密切，民俗曲藝更繁複了樣貌與生命力。

先以民俗信仰來論：清代中葉之後的民俗信仰，除了持續受到明清政權更迭而蓬勃的信仰影響外，人民仍普遍重視傳統敬天畏神的基本

●人民爲了建造各種神廟，甚至借貸都不惜。

精神。只是受到海島環境的限制，使得念舊性更深，排外性更強，對宗教信仰也更爲倚重，人民爲了建造各種神廟，甚至借貸都不惜；對作醮、祈福也相當熱衷，無論天旱成災、漁獲量減少、河川溺死人或新廟落成，都可見台人作醮祈福消災。另外爲了免除台海交通不便的困擾，回祖廟進香活動或採取統一行動，或改成隔年才回中國謁靈一次；再者，開台初期，終年不斷的大叛小亂和分類械鬥，犧牲了無數生命，各地都開始有「義民爺」及「忠義公」的奉祀。至於風俗習慣，因墾拓不易、謀生困難，造成台胞克勤克儉的習性，成年男子早出晚歸，致力農事，婦女們勤於繡織和家事，爲了儲備一年所需，收成的作物大都用醃、醬或是釀等方法保存。

戲曲方面，台灣多數劇種都源自中國，像南管、北管、九甲、布袋、傀儡、皮影、車鼓戲等，在中國便已發展成完整劇種，隨漢人來台後，迅速在台灣生根、成長。一般戲曲的演出，以酬神、謝神爲主，也可以做爲處分人民犯錯的「罰戲」，所謂「罰戲」，是指村里中某人犯

●開台初期，叛亂械鬥犧牲了無數生命，各地開始有「義民爺」及「忠義公」的奉祀。

了罪，像偷竊、通姦或佔人財物等，被人糾舉時，犯罪者必需獨資請一台戲演出，並且註明是某人犯罪的罰戲。清雍正三年，澎湖八罩澳（望安）曾有一條禁止賭博的鄉約，違約者若年逾五十，「每人各罰戲一台，仍書姓名在面上，跪在戲台前，俟頭齣戲下方准起罷。」（伊能嘉矩《台灣文化志》）。到了清末葉，中國傳統戲曲在台灣獨立生存已有一段頗長的時間，唱腔及口白多少融入一些台灣地方風情；加上港埠日益發達，逐漸成為東南亞重要的出口站，帶動了商業繁榮，社會結構起了基本上的變化，人們擁有更多的時間及金錢，戲曲的功能由早期的酬神與罰則，逐漸加入欣賞與休閒的作用，戲劇本身也做了不少改變，其中較明顯的：一是以武戲為重的北管戲及音樂逐漸取代溫文儒雅的南管戲，二是地方小戲及子弟班的興起，「村橋野店，日夜喧闐，男女聚觀，履舄交錯，頗有驢虞之象。又有採茶戲者，出自台北，一男一女，互相唱酬，淫靡之風，侔於鄭衛，有司禁之。」（連雅堂《台灣通史》）；「有員山結頭份人名阿助者，傳者忘其姓氏；阿助幼好樂曲，每日農作之餘，輒提大殼弦，自彈自唱，深得鄰人讚賞。好事者勸其把民謠演變為戲劇，初僅一、二人穿便服分扮男女，演唱時以大殼弦，月琴、簫、笛等伴奏，並有對白，當時號稱『歌仔戲』。」（《宜蘭縣志》〈人民志・禮俗篇〉）這些現象，演變到後來，甚至常因「男女聚觀，履舄交錯」，被地方「公正人士」禁止，但俗話說：「做十三年海洋（盜），看一齣斷機教子，流目屎」，說明戲劇正面的功能與人們感動、喜愛的程度，絕非區區一紙禁令能禁止的。

民藝品的製造，受到物產的限制，傳承的項目較少且項目集中，以石雕、木雕、竹編、草編、藤編、陶磁、廟繪、刺繡、剪黏、金銀錫打造等材料取得容易，或為民間

●台灣的民藝品，偏重於竹木加工方面。

的規模。必需品，發展得較爲突出；其中幾項又因藝師的功夫精湛及其他條件配合良好，如廟宇石雕、木雕、交趾燒、剪黏、日常用品中的錫器打造、竹編、草編……等，在清代已發展出相當的規模。

叁／日領時代民俗戲曲的樣貌

甲午戰爭失敗，一紙馬關條約改變了往後五十年台灣的命運。這期間，台胞對日人的統治，先是武裝抵抗，後改爲文化鬥爭，五十年來從未休止過；民俗曲藝的發展，自然受到波及，可分爲兩個階段來說明：

第一階段：從日人武力征服台灣至西元一九三九年（民國二十八年，昭和十四年），這段期間日人雖採取高壓政策，治理台民，剝奪台人參政的權利，減少台人受教育的機會，又以懷柔政策，拉攏士紳，開辦「詩會」、「揚文會」等官樣團體，但無論高壓或拉攏政策，對台地原有的民俗戲曲影響並不大，一般民俗廟會，日人並不強加干涉。一九二三年，日天皇太子遊台，當局要求台北市各界派出藝閣與民俗陣

●日領之初，傳統的風俗習慣，日人並不強加干涉。

頭遊行供其觀賞，參加的團體多達五十餘陣，顯見當時台北市仍保有不少民俗藝陣。過年和其他傳統節慶，台人仍「張燈節彩，聚資慶賀」、「我過我的年，你過你的元旦」。

傳統戲曲在日領前期，雖談不上發揚光大，但日人看歌劇，台人看亂彈，彼此涇渭分明，衝突性不大。倒是「文化協會」成立之後，「爲改弊習，涵養高級趣味起見，時開活動寫眞隊（電影隊）、音樂會及文化演劇會」（《台灣民報》卷二號四〈台灣文化協會會報〉），先後誕生了彰化鼎新社（一九二五年）、草屯炎峰青年演劇團（一九二四年十月）、新竹新光社（一九二五年十月）、台北星光演劇研究會（一九二五年十月）等話劇團體，演出「含出諷刺乃至非難社會制度或激發民族意識」的話劇，並以改革（取代）京戲、四平、高甲、亂彈、布袋，傀儡等舊戲爲職志，然而這些人心懷改革文化的理想，卻不考慮傳統戲曲在民間的地位及其正面功能，加上資金不足，演員水準等問題，沒多久便「演來越軌脫線，搞得笑話百出，下不了台。」（葉榮鐘等《台灣民族運動史》），這個新劇運動雖因「文協」分裂無疾而終，卻是台灣話劇的濫觴。

第二階段：從西元一九四〇年到台灣光復，這時太平洋戰爭爆發，日本戰事日漸吃緊，爲應付東南亞及中國戰場的龐大軍需，大量搜刮台灣的米糧、鹽、林木等資源；並強迫推行「皇民化運動」，以期徹底改造台灣人，成爲「皇國」子民的一份子。

日人推行「皇民化運動」，主要手段包括：一、提出「內台融洽」主張，希望不分內地（日本）人及台灣人，共同「尊重國旗」、「互守台灣」、「本島人志願兵制確立」，把台灣人拉到前線當砲灰。二、改革宗教信仰，要求台人「改善正廳，奉齋大麻」，除了敬奉天皇，台人原在客廳敬奉的神祇及祖先牌位也得搬走，換成「天照大神」，祭祀的方法由原來燒香膜拜、三跪九叩，改成日人頷首擊掌的祭拜方式，強迫台人放棄敬奉媽祖及其他神明，改祭日本神社……。三、積極推動「皇風生活」，所謂「皇風生活」，包括講日本話，吃日本料理，穿日本和服，住日式榻榻米，改日本名字，年節習俗也

●皇民化運動，企圖以日本精神改造台灣文化。

●舊時的端午盛會，於皇民化期間完全被禁止。

以日本的習慣行之，同時還嚴禁傳統戲曲演出，只准許少數劇團改演皇民劇……

爲了使「皇民化」早日成功，以徹底毀滅台灣人的民族性，一方面要求各警察單位嚴格執行，遇有頑強不從者多以拘留或恐嚇處分，同時又設置所謂的「國語（日語）家庭」，對主動改日本名字，說日本話的家庭給予就業、配給、教育等各種優待，如此雙管齊下，使部份台胞或受迫或因貪圖小惠，改了日本姓氏，信奉天照大神；但多數台灣人並不肯數典忘祖，無論日人控制的多麼嚴厲，仍偷偷祭拜祖先，敬奉寺廟神明，爲躲避日警耳目，酬神戲甚至改在午夜過後演出，所幸不久之後，日人戰敗而停止這一切文化摧殘。

「皇民化運動」推行雖僅有短短六年，響應的人只佔少數，但在日人種種嚴苛禁令下，台灣民俗仍受到相當巨大的摧殘，民間爲躲避日人耳目，只得提前過年，新春開正的拜年活動被迫禁止，七月普渡、做醮也中斷或縮小規模，端午時節「郊商各醵金製錦標，每標數十金……各選健兒鬥捷，觀之滿岸，數日始罷」的龍舟賽會也都被禁止；戲曲的傷害更深，戰前各種地方戲劇職業劇團有上百團，甚至多達三、四百團的記錄，其餘業餘子弟班更難以計數，在日人一紙禁令下，多數劇團被迫解散，藝人們紛紛改行謀生，日本戰敗時，許多劇種的總數只剩至個位數，且殘存的劇團都因改演「皇民劇」苟延殘喘下來的。

日本當局除強迫地方劇團改演皇民劇外，更「動員台灣人的人力、物力，模仿日本本國移動演劇聯盟的方式，爲期深入民間工作，必須以台語演出，才起用日人經營的台語話劇團『南進座』、『高砂劇團』，將它改組爲『皇民奉公會指定劇挺身隊』……」（呂訴上〈台灣新劇發展史〉），成立這個劇團的目的乃爲灌輸侵略思想，做爲政令宣導工具。隨後又在高雄舉辦新劇講習班，桃園、中壢、台北……等地的挺身隊也巡迴演出，所演的劇目都爲《國民皆兵》、《增產報國》、《志願兵》、《建設賦》……等。

日領期間，雖在後期極力設法摧毀台灣傳統文化，但仍有不少日籍學者專家及台胞知識分子投入台灣民俗研究工作，諸如《台灣私法》、《蕃族調查報告》、《台灣風俗誌》、《台灣文化志》、《台灣舊慣冠婚葬與年中行事》、《台灣慣習記事》、《民俗台灣雜誌》等，對台灣民俗文化的研究都相當深入且成績斐然，傳誦至今仍爲研究台灣民俗文化不可或缺的第一手資料。

肆／戰後初期民俗戲曲的風貌

一九四五年九月，日本宣佈戰敗，十月台灣正式光復。

重回中國懷抱的台灣人，起初都懷著無比喜悅的心情，迎接新的生活，積極重整戰爭帶來滿目瘡痍的家園。對民俗戲曲的重建更在拮据的經濟中，投下最大的精神與金錢，許多廟宇在隔年便舉行盛大的做醮儀式以慶祝台灣光復，因戰亂而停止的廟會活動也紛紛恢復迎神賽會，地方職業劇團及子弟班也開始重振旗鼓，希望再創地方戲曲的春天，多數只剩下個位數的劇團，在戰後的十年間，便恢復日領時期的團數，其中生命力較旺盛者，如布袋戲、歌仔戲等，更高達兩、三百團，顯見地方戲曲在當時仍相當受到歡迎。

戰後初期戲劇復甦的速度雖然非常快，但政局不穩定，使得戲曲的發展歷經了許多波折，現分三個階段來談：

一、從一九四五年至一九四八年。這期間，台胞最初以興奮地心情迎接光復，卻因一九四七年，陳儀政府施政不當，導致「二二八事件」爆發，全台都陷入可怕的軍事鎮壓與「白色恐佈」中，戲劇演出只得暫停或完全休止，戲劇發展忽然停頓下來，直到一九四九年，國民政府遷台後，才慢慢復甦。

二、從一九四九年至一九五二年。國民政府遷台，對台灣的社會、政治、經濟、文化上都有相當大的影響，在文化方面，它造成了近代台灣文化與中國文化的一次衝擊，這個大衝擊包括人才及藝術本質兩方面，民俗曲藝在這種情況下，影響更爲鉅大，原本台灣婚嫁習俗，只有閩、客兩大派系，一九四九年以後，北京人用北京的舊習娶妻，四川人用四川的風俗嫁女兒，另外，新年、元宵、端午……等，從當時起，同時在台灣出現各地特有的風俗與習

●台灣的民間信仰，清代時便隨著漢人東渡，至今仍有少數地方保持清代舊習。

●義民廟的崇祀，是台灣地區客家人特殊的民間信仰，每年均舉行盛大的祭典。

●媽祖早已成爲台灣的兩大主神之一，每年都有成千上萬的信徒到媽祖廟進香。

●移民所組成的台灣社會，更產生了許多地方性的特殊民間信仰。

●發源於宜蘭地區的歌仔戲，是台灣土生土長的地方戲種，充滿本土色彩。

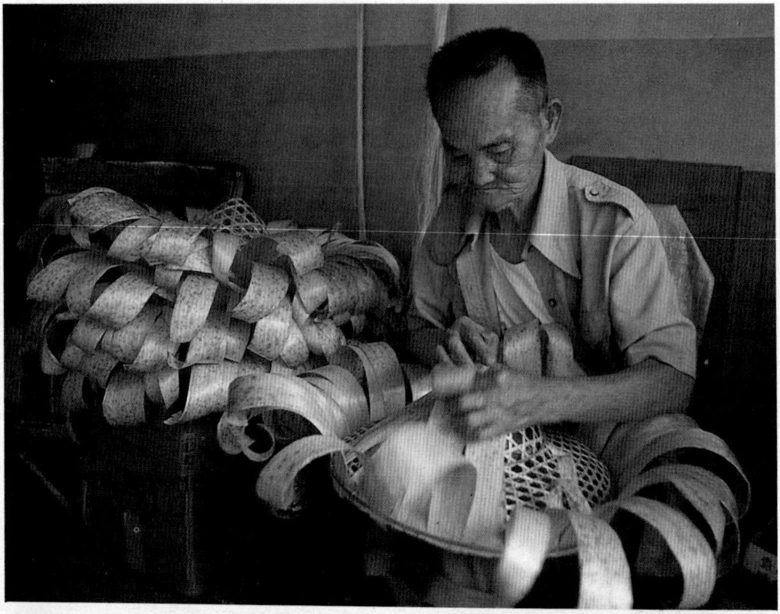

●台灣的民間工藝，大都以實用爲主，此外材料取得的易難，也有重要的關係。

●因應民間信仰需要的刺繡，至今仍是台灣發展得相當良好的民間工藝之一。

●一九五一年後，台灣開始設法控制民間信仰，迎神賽會只得變相的以政治的名義舉行。

●經濟富裕之後的台灣，民間活動也傾向功利化與奢侈化發展。

●傀儡戲雖以祭煞爲主，但無論是表演藝術或戲偶造型，都有極可觀之處。（協和藝文基金會／提供）

●布袋戲是台灣最重要的偶戲，八〇年代以後，在有心人士的努力下，已漸成「明星劇種」。

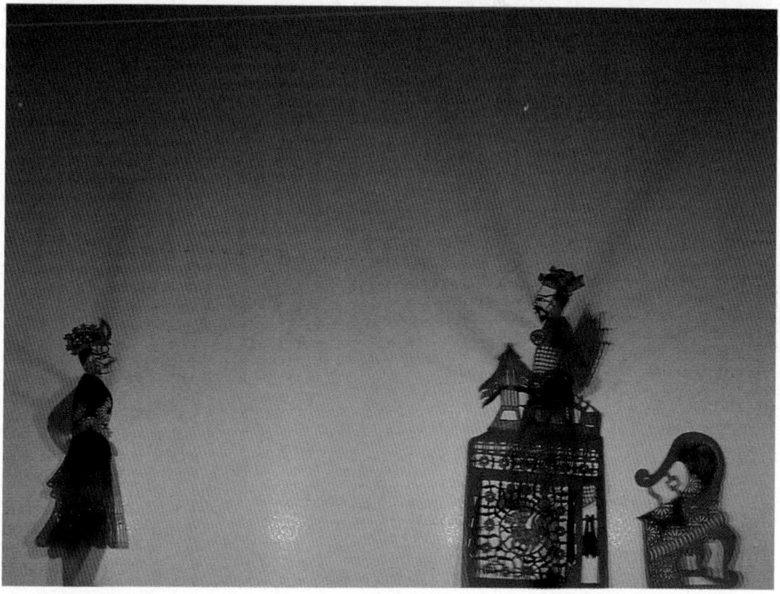

●源自於潮汕地區的皮影戲，一直都在南部地區發展，且至今仍保持傳統的演出型式。

●盛裝演員與暴露女郎同台，是現今台灣歌仔戲中常見的景象。

●電子琴花車的興起，說明了台灣人心的墮落與民俗文化的腐敗。

●台灣光復後，各種劇團紛紛誕生。

慣。

這階段之前的台灣戲曲，無論是最初隨明鄭移民來台，或日領時代來台演出而落地生根的京劇、粵劇，以及發源自台灣的地方小戲，彼此都有相當大的包容力，截長補短，相依相存，發展得相當良好；這種融合，需要彼此尊重文化，才能產生包容力與親和力。但不少這階段後來台的人士，竟因台灣一直屬於邊緣文化的交疊區，產生輕視心理，對台灣民俗、戲曲採取排斥態度，加上政府刻意培植中國劇種，貶損台灣戲曲的價值，導致彼此的排斥性更大，成了誰也跨不過去的大鴻溝，終造成兩線發展的奇異經驗與模式。

兩線發展原也無可厚非，任何藝人都可演最擅長、最喜歡的戲，只要有足夠的觀衆支持，誰都不能禁止，但台灣地方戲曲卻在這個節骨眼上，面臨了一個大難題：那是一九五〇年，政府爲「安定民心」，推行「文化列車」活動，選派各種地方戲團，每週至一個地區演出宣導「中共暴行」或「保密防諜」的戲，劇本由黨部撰寫、排定，爲達「逼眞」效果，服務及道具也改成民初或內戰時期的裝扮形式，劇情不脫「打共匪」或「匪諜可惡」的範疇，像《保密防諜》、《青年進行曲》、《中華魂》……等，除布袋戲、話劇外，連歌仔戲團也演這類故事，一時全台充塞著這類編劇粗糙，教條式的「政令宣導」戲劇，這對一向視演戲爲謝神，看戲爲娛樂的本島民衆來說，根本難以接受，以致觀衆大幅減少，爲往後地方戲劇發展，預埋了一個大隱憂。

三、西元一九五二至一九五六年。政府遷台對台灣民俗戲曲造成的衝擊並沒有在第三階段稍舒解，反因種種措施不當，造成更大的傷害，其中最嚴重的莫過於一九五二年，當局爲了「勵行節約、改善民俗」，採取的一連串措施，包括：停止各種拜拜、迎神賽會、禁演外台酬神戲等。這道禁令，無疑對當時已營養失調的民俗戲曲致命一擊；民間藝人面對這麼殘酷的打擊，唯一能做的也只有陳情、再陳情；經過漫長的交涉後，最後才准許一年演二十四台戲（內台戲不計），後來又改成每個地方每月可演三天外台大戲，偶戲不在此限，如此仍無法滿足人民的需要，最後不得不放寬這道禁令，但劃上的傷口卻再也無法癒合了。

地方戲曲雖接二連三遭受無情的摧殘，但在廣大人民的支持下，只要一有喘氣的機會，便能以最快的速度恢復其生命力，其中以土生土長的歌仔戲最見代表性，從業人員更多，加上其演出靈活，唱腔及口白都爲台灣方言，最得觀衆的喜愛；一九五〇年，更成立了「台灣歌仔戲改進會」，爲台灣地方戲劇團體的先驅。

「台灣歌仔戲改進會」雖屬於民間團體，但乃由國民黨中央四組提議組成的，這個團體的宗旨及作風不難得知，果然不久便先後推出教條式的劇本《女匪幹》及《延平王復國》等。一九五一年，該會改組爲「台灣省歌仔戲協進會」，隔年，地方戲劇協進會主辦第一屆地方戲劇比賽，這一連串以「輔導」爲名的活動，在官方的授意下，成了層層束縛，非但地方戲曲無法自由發展，更因所謂的「改良劇本」及「戲劇比賽」，把活躍在野台的歌仔戲帶入了教條主義與爭名奪利的深淵中，直到今天仍存在著，那些「官樣劇本」及「官樣比賽」雖早已

●一九五二年，政府禁止民間普渡的剪報。

荷據前台灣之歸屬問題
陳漢光

大潭
台灣山地傳說

臺灣風土

台灣地方傳說（二）
賴慶輝

王爺入永春，了
十三萬過一堆仔！

俗諺
故事

台灣民間笑話
以山歌
代家信

飛番墓
跑步快於駿馬
乾隆三度召見
安息台南佳里

種蔗、盜蔗今古談
亦玄

台灣民間奉祀的
福州神明
林衡道

小啓

●六〇年代以後，研究台灣風土的文章日漸多了起來。

不合時宜，卻無人有力改革或阻止。

伍／六、七〇年代民俗曲藝的變貌

戰後到五〇年代末葉，台灣的民俗曲藝就像一個孤兒般乏人照料，還時時遭受狂風暴雨的摧殘，但它憑依著民衆深厚的情感與支持，依然屹立在風雨中，沒有人會爲了所謂的「提倡節約」，過年時不蒸年糕，佛誕不去祭祀，更不會因而放棄看戲的愛好。根據一九五八年台灣省教育廳的調查，當時台灣的職業戲團有：歌仔戲二百三十五團；南管（高甲）戲三團；客家戲十二團；潮州戲一團；都馬戲一團；北管戲（缺乏紀錄）；大陸各地方戲九團；平劇十五團；雜耍三團；布袋戲一百八十八團；傀儡戲三團；皮影戲九團；幻燈戲一團；馬戲三團。其他未登記的劇團和業餘子弟班並未包括在內，證明地方戲曲在困難重重的環境中，仍有相當大的生存能力。

進入六〇年代，外來的壓力逐漸減緩，政治日趨穩定，社會在安定中成長進步。不少關心民俗曲藝的人士開始從事這方面的研究與保存工作，傳播媒體也開始接納這類的文章，當時的公論報每星期還增印週刊，製作〈台灣風土〉及〈台灣的藝術〉專刊，廣泛介紹台灣的地理、風俗、人文、歷史、戲劇、音樂、神話、傳說、小吃……等。

社會的進步文明，讓民俗曲藝生長的環境有了起碼的改善；但也因此，更多文明的產物成了強大競爭對手，這些對手包括廣播、電影、電視以及歌舞表演等。

台灣的廣播事業，從日領時代即由日官方開始經營，成立「台灣放送協會」，分設北、中、南、東四個電台，當時播放的節目不多，其主要功能在於宣導政令，一般人民也無力購買收音機，因此有人戲稱，日領時代廣播事業最大的功能是戰敗時廣播日本天皇的「終戰宣言」。

戰後「台灣放送協會」由省政府接收，改組爲「台灣廣播電台」，隸屬中央廣播事業管理處，積極開拓廣播業務，開始以XUPA的呼聲播音，並在各地分設電台，此後十年間，公私電台相繼成立，收音機的價格也普及化，只要擁有一部收音機，全家都能在家舒舒服服收聽各種戲劇和歌唱節目，這種方便的娛樂形式，很快就吸引了許多聽衆。

廣播雖有方便的優點，但「只聞其聲，不見其影」，無法拉近觀衆的距離，而電影與電視，恰恰彌補了這項缺陷，且能利用各種特殊技巧，設計出民間戲曲無法演出的動作及情節，它們在六〇年代以降，逐漸成爲民間戲曲根本無力抗拒的頑強對手。

電影在台灣首次出現，始於「民國前十年（一九〇一年即明治三十四年）十一月，在西門町台灣日日新聞報社（現新生戲院）前空地，架一間木造小屋放映的。」（呂訴上《台灣電影戲劇史》），同年，日本官方也曾拍過一部台灣統治現況的紀錄片，其後陸陸續續成立過不少製片公司，拍過一些劇情片，卻一直引不起觀衆的興趣而失敗。一九二六年，文化協會成立「美台園映畫巡業團」，巡迴各地放映具有民族意識或啓發性的影片，可惜不久之後，「文協」分裂，「美台團」遂告無疾而終，不過一九二八年，桃園江雲社歌仔劇團利用電影拍攝在野台上無法演出的鏡頭與情節，如投井自殺，渡舟過江……等，穿插在歌仔戲中演出，竟大獲觀衆青睞，這段插曲雖沒使歌仔戲和電影結合，卻讓不少熱衷電影的人士重燃信心，前仆後繼爲台灣電影努力。

太平洋戰爭爆發後，電影跟其他地方戲劇同樣遭受許多禁制與壓力，但戰爭結束後，電影在人才及經濟等各方面的配合，發展得頗迅速。六〇年代以後，電影拍攝技術大幅度改善，「豪華大銀幕」出現，使觀衆對這種可舒舒服服坐在戲院裏享受視聽之娛，消費額又不高的現代娛樂，產生了相當大的親和力與接受力。

電影後的另一個強勢娛樂便是電視，開播於一九六二年十月十日的台灣電視公司，雖起步最晚，但它跟電影具有同樣的視聽效果，且坐在家裏就可享受，這種絕對的優勢，在短短幾年間，搶走大多數的觀衆。

廣播、電影、電視的興起，造成了娛樂結構的大革命，搶走傳統戲曲的觀衆，更帶動歌唱、舞蹈等表演事業興起，六〇年代初期的表演事業雖沒什麼成績，但中、末葉之後，電影、電視等媒體培植了許多「明星」，這些明星挾著他們在銀（螢）幕上的吸引力，在都市的表演場所直接面對觀衆，吸引了不少中產階級人士，至於廣大的鄉間，雖較不易見到「明星」，卻開始流行妙齡女郎穿著暴露的歌舞表演，抓住了不少樂好此道的人們。

歌舞表演事業無論具有多大的吸引力，但受到表演場地、消費額的限制，只是某特定階層人士的娛樂而已，跟生長在田野間的地方戲曲，衝突性並不大，特別提出來討論，主要是因爲這類表演事業的興起，暗示了社會結構與人們消費習性即將面臨的革命性改變。

六〇年代之前的社會，完全以農業爲動脈，六〇年代中葉至七〇年代中葉之間，則面臨農、工、商交替的尷尬年代，爲了應付中、輕級工業發展及與日俱增的對外貿易需要，社會的脚步開始加速，經濟活動也由原本的直接交易轉趨多元化的商業來往，這些轉變讓文化、教育、人口結構、消費習性都受到影響，傳統的民俗信仰當然也避免不了受到衝擊，且分兩方面來論：

一、傳統年節、禮俗的簡略化：初嘗工商文

●廣播與影視的興起，造成台灣娛樂傳播的大革命。

明的台灣人，對龐大複雜的傳統禮俗雖不一定都討厭，但也談不上特別喜歡，當他們面臨社會轉型及歐美文化入侵時，簡化、省略成了自然的潮流，即使不刻意排斥某些繁文褥節，在不知不覺中也會做某種程度的修正，像結婚喜慶及年節活動，改變得尤爲明顯。

二、迎神賽會、民俗活動的盛大化：工商業文明帶給人們最大的利益是工作報酬的大幅增加，且獲利的方式較爲容易，普遍提高國民所得；從過去拮据的環境中走出來的中產階級，爲了顯示自己的富足與能力，大都願意提供更多的金錢支持迎神賽會與民俗活動，而高、中產階級間，爲了「面子」，更可千金一擲，流風所及，連帶影響了低產階級的參與意願，使得公衆性的民俗廟會日益盛大、豪華。

中、輕度工業的繁榮，把日常性的用品帶入了一個輕便、經濟、大量生產、品質統一的新境界，這種改變使民間藝品受到最大、最直接的利益衝突。台灣的藝品素來實用性大於藝術性，像竹籃、草蓆、錫製容器、陶瓷、印染等都屬於這種性質的藝品，廉價、方便的塑膠及

●爲了面子，千金一擲，使得民俗廟會日益盛大、豪華。

人造纖維製品出現後，迅速取代它們原有的地位，藝人們爲謀生計，只得紛紛改行。其他偏重於裝飾性及藝術性的東西，如廟宇石雕、彩繪、剪黏、捏麵……等，除了受到現代化產品的龐大壓力外，更因商業化社會，人民較爲忙碌，對裝飾性產品不若以往那麼重視，鋼筋水泥成了廟宇最主要的建材，造價高、製作費時的傳統石雕及彩繪根本無力反擊；現代化的玩具及裝飾品也挾著保存容易、消費便宜的優勢擊垮了捏麵、畫糖等民藝品。

認眞來論，六、七○年代，傳統的民俗、戲曲及民藝品雖遭受頗大的壓力，但若適時有人能爲它們開拓一條兼顧保存與提昇品質的新路，使之能避開現代文明的正面攻擊，仍不致造成八○年代大多數民俗曲藝瀕臨滅絕的遭遇。可惜當時政府一心一意追求工業升級與經濟成長，對具有悠久歷史與文化結晶的民俗曲藝，採取刻意排斥、不聞不問的態度，終注定它們在八○年代遭遇的悲劇命運！

陸／近十年來民俗曲藝的末路

七○年代中葉以降的台灣社會，走入典型工商掛帥的形態。發源於農村，成長、茁壯於農業社會的民俗曲藝，在日漸失去觀衆，又缺乏外力扶植，終面臨生死存亡的決定性關頭。

這時期的民俗曲藝，面臨的最大敵人仍是六○年代復甦或興起的廣播、電影及電視等；這些強勢娛樂經過十年的成長與改革，無論在技巧、視聽效果、娛樂功能……都有長足的進步。以電視爲例，七○年代初期的電視已由黑白播映成彩色畫面，電視台由一台增爲三台，一九七九年，民間已有三百五十餘萬架電視機，平均每四點三人一架，為全世界電視事業最發達的前十名。

強勢娛樂挾文明之助，不斷改革精進，傳統戲曲卻一直乏人照顧，僅有的「地方戲劇協進會」除每年舉辦公式化的比賽及編些教條劇本外，建樹甚微。加上社會結構改變，年輕一代為個人「前途」，大都被迫離開鄉土，在商業區或工廠中成長，甚少有人肯投身於地方戲劇界，後繼乏人的問題日益嚴重，加速地方戲劇的衰微。

值得一提的是，新娛樂媒體崛起以來，經過某些嘗試，締造了兩個民間劇種與新媒體結合的特例，分別是黃俊雄布袋戲團與楊麗花歌仔戲團，且歷經十餘年，盛況一直不減。但這絕不表示傳統戲劇可依照這個模式復興，除了電視的容納量有限外，表演型態跟野台演出更有段相當大的差距，野台表演能變換的布景有限，許多狀況及情節需用唱工或做工象徵表現，這正是民間戲曲最重要且最有價值之處。電視演出，為配合播出需要，大幅降低表演藝術，又加入許多不合理的改革，使不少年輕觀衆誤以為這種「穿古裝的連續劇」便是民間戲曲的原貌，而老輩觀衆在家便能欣賞歌仔戲或布袋戲，到廟埕、廣場站著看戲的意願自然降低，野台戲的生存更現危機！

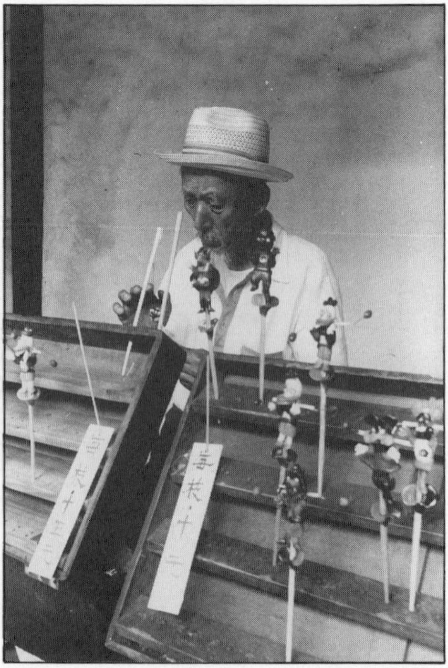
●傳統的捏麵人，已不敵現代的塑膠玩具。

民俗曲藝中，具有實用娛樂價值，生命力最旺盛的戲曲在現代文明的壓力下，只能苟延殘喘，其他民俗與民藝，七〇年代以後，境遇可想而知。

誰也不能否認，民俗乃隨時代變遷與人類文明的程度改變。鳳冠霞披、騎馬坐轎的傳統婚禮蛻變成白紗鮮花、轎車代步的西式婚禮，顯示現代人的需求與意願，不可能為某種特殊理

●改革後的歌仔戲，往往淪為「穿古裝的連續劇」。

●色情入侵民俗，顯示現代人蒼白、空洞的精神生活。

由而更改或強迫行之；換句話說，西式婚禮已成為八〇年代台灣人結婚的基本禮俗，其他喜慶、壽誕，甚至簡化過的年節風俗等，都是適應現代人需要的民俗，並沒什麼值得特別議論的。

然而，在文明程度愈高的今天，台灣民俗受到少數人及某些利益團體的操縱下，已脫離原始發展的軌跡，走向營利化與低俗化，不由令人感到悲哀。

台灣民俗的「營利化」，首推各地方無止境的建廟、修廟活動；廟宇原是因應民間信仰的需要而生，早期蓋一座新廟，算是地方上的大事，必需聯合多數鄉人合議，才鄭重興建；但近年來，任何人只要有錢便可找地蓋廟。而廟宇神明更成了文明浪潮下，衣食有餘、精神日漸空洞的現代人更大的心靈憑依，只要有廟便有廣衆的信徒，導致想藉蓋廟賺錢的人愈多，如此惡性循環，大街小巷充塞廟宇不談，甚至利用公寓改成神廟，也大發利市的畸形現象。

除了蓋廟，各地競相借用各種名目舉辦繁複盛大的普渡、建醮活動，雖然不全是為賺取信徒的香油錢，但已呈現毫無節制的盛大化傾向，往後的發展頗令人耽憂。

民俗活動「低俗化」，除了活動取材偏狹外；色情、神棍入侵更不容忽視。傳統民俗在現代社會中愈被人們淡忘，愈成文明人「好奇」的對象，可是不少機關團體為滿足人們的「好奇」而舉辦的「民俗活動」，往往取材偏狹，不是以偏蓋全，就是大倡低俗趣味，一直反覆舉行的捏麵人、畫糖人……展示，以及近年來頗風行的「拋繡球擇友」，都是典型的例子。

色情入侵民俗，顯示現代人在物慾文明衝擊下，剩下蒼白、孤獨的臉孔。科技社會正面的意義是帶來便捷、富裕的生活，但人們要享受現代科技的成果，必先富足心靈世界的需求；近些年來，台灣上上下下，只一心一意追求物質社會的進步，對人文世界的關注與探索毫不在意；這種社會帶給人們的生活愈豐富，心靈卻愈蒼白，且日復一日，更加強烈，人們失去追求高貴精神的引力，只能與低級、粗俗文化結合；迎神賽會中的電子琴花車、酬神歌仔戲中的脫衣舞表演，都是典型與低俗文化結合的例子。

「神棍」自古有之，但在未開社會，神棍利用人們的信仰行騙犯罪，嚴格說來，乃是未開社會必存的問題；如今，人民的教育、智慧都已普遍提高，仍有不少人甘心受神棍利用、操縱，甚至幫助犯罪，問題的癥結正顯示文化領域的荒蕪，如果我們一直不重視這個危機，解決愚信神棍的問題將遙遙無期。

民間藝品在六〇年代，便已出現頹勢，到了七〇年代，精密的工業產品逐步佔領每個家庭，多數傳統行業不是被迫結束生命、就是賸下一、兩家苟延殘喘。在進步神速的社會，自動化產品取代手工藝品是必然的趨勢，社會在接受產業革命的同時，必得毫無異議地接受這個事實；令人遺憾的是，多數人只願享受產業革命的成就，卻從不考慮傳統民藝品的意義與藝術價值，不分良莠全面予以淘汰之後，再毫無選擇地接受西方文化產品，表徵西方文明的產物出現在各階層人士中；八〇年代的台灣，終成了西方文化盤據、毫無台灣精神的畸型社會。

●八〇年代中葉以降，許多年輕的孩子有較多的機會接受民間文化。

七〇年代中葉以降，雖爲民俗曲藝的悲劇年代，但在少數有心人士的努力下，還不致讓人絕望，像施合鄭民俗文化基金會、中華民俗藝術基金會、林本源文教基金會、西田社布袋戲基金會、民風樂府、田園樂府、東海大學皮影劇團、文化大學布袋戲團、莒光國小布袋戲團……等，這些團體或致力於民俗曲藝的研究、保存工作，或者學習技藝，負起傳承薪火之職，都有相當不錯的成績。八〇年代的民間藝人也一反過去沈默、被動的作風，他們積極率隊出國公演，或與學校結合，教育下一代，或教授子弟，組團公演，或到大專院校演講，傳播民俗曲藝的種子。也有少數大專院校的社會系或人類學系，成立專門的組織，從事民俗文化的整理與田野調查工作，希望能找出救亡圖存之道……

柒／讓民俗曲藝重回人間

戰後四十餘年來，台灣的民俗曲藝歷經了這麼多的傷害與衝擊，到今天早已奄奄一息；現實社會在享受過充裕的物質生活後，終也懂得回過頭來探視這個年邁的病人，表示台灣社會仍具有反省能力，頗令人欣慰。過去一直漠視民俗曲藝的政府機關，近年來也逐漸改變態度，大至文建會舉辦「民間劇場」，小至地方政府主持的「民間藝人廣場」、「民俗藝術月」、「民俗週」以至於「國家藝師聘選」、「民俗技藝園」等，雖然其中問題重重，部份甚至已經半途而廢，但政府肯跨出這一步，多少爲民俗曲藝的復甦增添一份力量。不過，上述的努力，跟迅速消逝的民俗曲藝比起來，腳步顯得遲緩許多，且在方法及態度上仍有太多值得商榷之處，如果不能立即解決，根本無法發揮實際效用，又談如何挽救呢？僅此提出個人的看法，供各界參考：

一、讓民俗回到土地上：民俗乃隨時代的腳步與文明程度而變遷，刻意的漠視與強迫的壓抑只會造成民俗與土地脫節，讓人們日漸喪失品味，導致更多問題產生。唯一的解決之道，是解除所有的政治干預，讓民俗回到土地上，與人民的生活緊密結合，順其自然發展，必能使台灣重尋回失落的民俗與精神。

●讓傳統戲曲取代西方音樂，才能重振本土文化。

二、讓戲曲進入學校中：七〇年代以降，民間戲曲面臨的兩大難題是喪失觀衆與傳承乏人。現今社會，要刻意培育一批子弟的可能性不大，最佳的辦法是讓戲曲進入各級學校中，讓傳統音樂、戲劇、甚至臉譜藝術取代粗淺無用的「小蜜蜂嗡嗡嗡」和美勞剪貼，如此才能讓下一代認識民間戲曲，更可重識民俗文化的精神，傳承的問題也較易獲得解決，下一代有了這些基本認識，要找回觀衆自然容易多了。

三、讓民藝重回生活中：台灣的民藝品最大特色是生產於生活中、使用於生活中；今天雖在現代化產業的壓力下，要恢復過去的風采不大可能，但若有關單位能夠改變過去應付式陳列的被動姿態，主動宣導民藝品的價值，強調機器無法製造的特色，必能讓許多富足的現代人，有興趣重新納入生活中，開闢出民藝品的圖存新路。

上述所提的三項，只是挽救民俗曲藝的基本要求，且每種每項都應重覆交流運用；除此外，更應立刻羅致各類人才，給予固定的生活補貼，使他們能專心從事目前的工作；讓民俗

●任何一種文化，都是人民情感與智慧的結晶體。

表演進入全國性的慶典中，放棄對戲曲劇本的無理限制，讓戲班自由發揮；配合觀光需要，建立民俗曲藝的專業觀光點……等，都是刻不容緩的工作。

任何一種文化，都是人民生活情感、智慧與信仰的結晶體。民俗，更是一個種族的文化表徵，這四十年來，我們都有意或無意忽視它的重要性，以致成了今天面目全非的慘狀，如果再不予重視，幾十年後，我們將何處去找尋能代表本土文化的東西呢？

如今，民俗曲藝正站在生死存亡的轉捩點上，需要大家齊心努力，才能再創另一個光彩的世代！

——原載一九八六年二月十一～十三日民眾日報副刊

——收錄於《台灣・在轉捩點上》（洛城版）

2／變異的樣貌

貌似音仿神不同

——台閩戲曲的流傳與百年劇變後的比較

自古以來，台灣的漢族移民泰半都來自閩、粵一帶，民俗風情、戲劇曲藝自然也源自於閩粵原鄉。這些事蹟，許多史籍中都有記載，連雅堂修《台灣通史》描述得更爲詳盡：「台灣之人，來自閩粵，風俗既殊，歌謠亦異。閩曰南詞，泉人尙之，粵之粵謳，以其近山，亦曰山歌；南詞之曲，文情相生，和以絲竹，其聲悠揚，如泣如訴，聽之使人意消，而粵謳則較悲越，坊市之中，競爲北管，與亂彈同，亦有集而演劇，登台奏技者，勾闌所唱，始尙南詞，間有小調，建省以來，京曲傳入，台北校書，多習徽調，南詞漸少……」。

這些先後隨著漢人來到台灣的戲曲，雖在原鄉便已發展成完整的劇種，但因清廷對台政策的搖擺不定，晚近百年，又有馬關條約將台灣割讓與日、國共內戰、國府遷台……等等政治因素，導致台海長久阻隔，閩粵與台灣兩地在不同的政治體制、社會結構以至於地理環境等種種影響因素下，發展出的戲曲更有截然不同的景觀與神貌，值得比對參考。

壹／清領時期兩地戲曲概況

儘管唐、宋之前，中國的東南沿海一帶，一直都被視爲南蠻之地，但自宋室南遷，帶引大量漢人南移之後，閩粵的開發益速，至明代始，當局爲加強統治的力量，選擇了某些特定的地區發展經濟，當時海運大興，與歐貿易頻繁的閩、粵一帶，經濟發展的情況遂超越其他多數的內地，明中葉以降，爲因應貿易的需要，更刺激了農業、商業以及手工業的蓬勃發展，這種種有利因素，把閩粵帶入了富裕的社會；也只有繁榮的城市以及星羅密布的衛星城鎮，才能讓戲班與藝人有較大的生存空間，明中葉至清乾隆年間，中國兩大劇種弋陽腔與崑山腔中的崑山腔，便因此而興盛，且深深影響及往後閩粵以及台灣劇種的發展，張庚與郭漢城修《中國戲曲通史》謂：「崑山腔的興起和發展，是和當時江南區和東南沿海一帶社會經濟發展的狀況分不開的。」

到了十八世紀以後，中國的戲曲又有了一個嶄新的面貌，弋陽腔與崑山腔逐漸消失了，取而代之的則是各地的地方戲，《中國戲曲通史》明載：「民間地方戲，繼承了弋陽諸腔在民間

●台灣的漢人，都來自閩粵一帶。

●明代以降，各種小戲在閩南地方興起。

的流布、演變的傳統，吸收了崑山腔的藝術成就，在新的歷史條件下，對原有的戲曲形式進行了革新、創造。它們突破了聯曲體的傳奇形式，創造了板式變化為主的『亂彈』形式，使我國戲曲藝術經歷了一次重要的變革。從此，我國戲曲跨入了一個新的歷史階段，即『亂彈』時期，其主要標誌，就是梆子、皮黃兩大聲腔劇種在戲曲舞台上取代了崑山腔所占據的主導地方，從而使戲曲藝術更加群衆化，更加豐富多采。」

除亂彈之外，各種地方戲曲也隨之興起，這些帶有濃厚地方色彩的地方戲，不乏歷史悠久的傳統劇種，但一直未能大興，直到十八世紀以降，一方面因社會對外交通愈多，再者亂彈的興盛活絡，使得原本缺乏生命力的地方戲突然得到許多養份，莫不紛紛重整旗鼓，以新的、具有親和力的面貌再次活躍在野台上；以閩粵一帶為例，這時期復興或者新興的劇種，「比如乾隆時的泉州，就集中了崑曲、四平腔、泉州腔、潮調、亂彈、羅羅腔等劇種。」（蔡奭《官音滙解釋義》），其他相近的地區，則還擁有南音、梨園、七子班（小梨園）、高甲、錦歌、車鼓弄、蒲仙、客家戲以及傀儡、布袋等劇種，這些劇種因「農業經濟的恢復與發展，結合民間的藝術活動，創造了極爲有利的物質條件。……農村中的戲曲活動，便也借此得到了推廣，由江南與東南沿海地區陸續地擴大到了西南和長江以北的廣大地區……」（同前引）。

同在這個時期的台灣，初期雖因「清廷以台灣內附未久，爲防明鄭餘孽死灰復燃，嚴禁閩粵沿海居民渡台，因之招徠開墾之人力，爲禁令所限，而使招殖受阻。至康熙四十年後，渡台禁令漸弛，偷渡者接踵而至，大多私越『番界』，從事墾荒，於是台灣之開闢，遂有一日千里之勢。按康熙時，北從諸羅、斗六門、半線、竹塹而招至八里坌、北投一帶；南至恒春之枋山、楓港等地。雍乾之間，台灣之西、南、北部平原，幾已開墾殆盡……」（宋增璋《台灣撫墾志》），在這成千上萬的移民中，泰半都屬閩、粵籍人士，自然也移植了閩粵的傳統風俗與戲曲文化，至於傳入的劇種以及傳入的情形，連雅堂修《台灣通史》載：「台灣之劇，一曰亂彈，傳自江南，故曰正音，其所唱者，大都二簧西皮，間有崑腔……二曰四平，來自潮州，語多粵調，降於亂彈一等，三曰七子班，則古梨園之制，唱詞道白，皆用泉音，而所演者則男女之悲歡離合也，又有傀儡班、掌中班、削木爲人，以手演之，事多稗史，與說書同……」。

上述的諸多資料，都印證了兩地的戲曲同出一源，這些戲曲由於移民的關係，分別在兩個截然不同的自然環境下發展，但在初期，差別之處甚微，試以演戲的原因來看，施鴻保撰《閩雜記》描述閩南民間的情形謂：「吾鄉于七月祀孤，謂之『蘭盆會』，承『盂蘭盆』之稱也，閩俗謂『普渡』，各郡皆然。泉州等處，則分社輪日，沿街演戲，晝夜相繼，人家皆具肴饌，延親友，彼此往來，互相饋遺，彌月方止。」，而在台灣的情形，周鍾瑄修《諸羅縣志》載：「神誕，必演戲慶祝。二月二日、八月中秋，慶土地尤盛。秋成，設醮賽神，醮畢演戲，謂之壓醮尾，比日中元盂蘭會，亦盛飯僧；陳設競爲華美，每會費至百餘緡。事畢，亦以戲繼之。」

●早期台灣演戲，都與迎神賽會有關。

酬神之外，當時的娛樂並不多，戲曲自然成爲人們最主要的娛樂，只要不是太差的戲，演出時台下必然擠滿了觀衆，這種現象，不僅促使地方戲曲的興盛發達，當然也造成劇團以及不同劇種間的競爭；他們爲了吸引觀衆，莫不使出混身解數，有趣的是，這時候的閩粵與台灣，雖尚有往來，但兩地的戲曲早已各自獨立，但爲了吸引觀衆，卻不約而同地使用相仿的方式，我們分別來看兩地文獻裡的記載：

下府「七子班」，其旦在場上，故以眼斜睨所識，謂之「掛翠雀」，亦曰「放目箭」，曰「飛來眼」。其所識甫一見，急視衣裳作兜物狀，躍而承之，遲到爲旁人接去，彼此互爭，有至鬪毆涉訟者，俚俗之可笑如此。……

——施鴻保《閩雜記》

九甲戲是南唱北拍的，來自福建泉州。歌曲是南管系，道白純爲泉州土音。表演一種「駛目箭」（送秋波）的落科（動作）帶有邪氣的秋波，含有吸引力量，所以很風行。

——呂訴上《台灣電影戲劇史》

如此被譏爲「俚俗之可笑」或者被認定「帶有邪氣」的發展結果，必然是不樂觀的，往往都被視爲「淫戲」：

演劇須演古忠義，不可如前點淫戲，《荔鏡傳》、《會親記》、《瀟湘店》、《相國寺》，戲謔荒淫亂人意，眞男假女好姿首，千媚百態無不有，看他微笑傳秋波，勾盡少年魂不守，既使人心壞，又使風俗敗，勸君戲劇須改良，優孟衣冠寓勸戒。

——吳增〈泉俗刺激篇〉

坊里之間，醵資合奏，村橋野店，日夜喧闐，男女聚觀，頗有驩虞之象，又有採茶戲者，出自台北，一男一女，互相唱酬，淫靡之風，侔於鄭衛，有司禁之。

——連雅堂《台灣通史》

以現今的眼光來看，無論是《荔鏡傳》、《會親記》……之類的戲情，或者是「一男一女，互相唱酬」，最多只能算是一種打情罵俏罷了，在傳統的封建社會中，卻往往被認爲是「傷風敗俗」，甚至是「滋奸生事」的禍源，被禁止演出自然是「天經地義」的事。譚達先撰《中國民間戲劇研究》抄了一段禁唱「淫戲」的告示：

「爲嚴禁演唱採茶，以維風化事。……今本縣訪聞梅邑城鎮鄉村，自新正以來，演唱採茶者，迨無虛夜，燈火酒飯，糜費實多。而且誘引良家婦女，夤夜觀看，遊手棍徒，逐隊奔馳，易致滋奸生事。風化攸關，合亟示禁。為此鄉縣屬城鄉村鎮名士民等知悉：自示之後，即各務本業，勿得仍搭台斂費，演唱採茶；倘有不遵示禁，許該地方保甲人等，立即指名稟縣，定將為首演唱，並縱令子弟歌唱之父兄，一併重杖不貸。各宜凜遵毋違。特示。」

除了禁「淫戲」，清廷也曾先後頒布過數次禁戲的法令，不僅令「當街搭台懸燈唱演夜戲者，將為首之人，照違制律杖一百，枷號一月。」（同前引）甚至連地方保甲、文武各官，也都得接受連帶處罰，當時之所以動不動便禁止地方戲曲演出，最主要的原因是社會大衆瞧不起演戲者，視他們為低賤之人，孫丹書撰《定例成案合鈔》載：「今戲女有坐車進城遊唱者，名雖戲女，乃於妓女相同……」，此外，清廷甚至禁止伶人參加科舉，《學政全書》載有乾隆三十五年（一七七○）的禁令云：「查娼優隸卒，專以本省嫡派為斷，本身既經充當賤役，所生子孫，例應永遠不准應考。」這樣的法令，委實不公平至極；在台灣，伶人同樣被視為「下九流」之一，與娼妓、巫者、樂人、牽豬哥、理髮師、僕婢、按摩者以及挖墳墓的人並列一起。

上述的種種證據，在在說明前清時期，不管在台灣或者閩粵，無論在源流、發展、政府政策或者是社會地位，都極為類似，而在這麼艱困的環境中，無論劇團的數量抑或演出的情形都相當蓬勃，觀衆的熱切支持與參與，當是最主要的因素。

貳／兩地戲曲沒落的重要因素

閩粵與台灣的地方戲曲，因移民的關係，分別在兩地獨自發展了一至兩百年之後，卻由於政治的干預，被迫走上沒落之途。

台海兩岸的戲曲，首先遭到政治迫害的是台灣，一八九五年的馬關條約，讓日本成了這個海島新的統治者，儘管日人於接管台灣之初，僅積極推行日本語言以及日式教育，並未禁止傳統戲曲的演出，但自一九四○年，太平洋戰爭爆發後，日人首先推行了所謂「陋習改革運

●早期的台灣伶人都被視爲「下九流」。

動」，三年後，更全面推動「皇民化運動」，這個運動主要的目的乃希望全盤改造台灣人，成爲「皇國子民」，其中最令人無法接受的莫過於撤走廳堂上的祖宗神位，換成日本的天照大神，並禁止台人過年，把年初一至初五定爲「勞動服務週」，此外，更嚴禁野台戲的演出，只准許少數劇團演出宣揚「皇民」思想的皇民劇。

「皇民化運動」雖僅實行短短六年，但對傳統戲曲的傷害卻無比深刻，「皇民化」之前，各種傳統戲的職業團體，都各有數十團或者數百團，業餘的子弟班更難以統計，在日人的嚴苛禁令下，多數劇團被迫解散，剩下個位數數量的劇團，則都爲日人操縱的「皇民劇團」，民間的戲劇演出，則只能轉入地下化——城市裡的演出幾乎完全不見，即使在鄉村演出，也只能在夜深之後才能偷偷上演。而當局爲積極推行「皇民劇」，乃「動員台灣人的人力、物力，模仿日本本國移動演劇聯盟的方式，爲期深入民間工作，必須以台語演出，才起用日人經營的台語話劇團『南進座』（十河隼雄領導），『高砂劇團』（南保信領導），將它改組爲『皇民奉公

●「皇民化運動」對傳統戲曲的傷害無比深刻。

會指定演劇挺身隊』。團員均縮少為十五位……同時會員到大直（劍潭）國民精神研修所受訓十日間，培養為『日本式』演員，灌輸侵略思想，做日本統治者的宣傳工具。」（呂訴上〈台灣新劇發展史〉）。

二次大戰結束後，台灣的各種地方戲團，已萎縮得相當嚴重，不幸的是，一九四七年卻爆發了「二二八」事件，這個悲慘恐怖的事件，雖在不久後便被鎮壓平息，同時也造成國府當局對台灣本土文化的壓抑，地方戲曲的復興也就遲緩下來，一直到了五〇年代中期以後，台灣的地方戲曲才逐漸復甦，至一九五八年，台灣省教育廳公佈的各種戲團數量有：歌仔戲二百三十五團、南管（高甲）戲三團、客家戲十二團、潮州戲一團、都馬戲一團、大陸各種地方戲共九團、京戲十五團、雜耍三團、布袋戲一百八十八團、傀儡戲三團、皮影戲九團、幻燈戲一團、馬戲三團。這個數據，跟戰前的盛況相較，無論在劇團數量或演出實況上，都有一段很明顯的差距！

中國的閩、粵一帶，民間戲曲遭逢傷害的啓始，則是中日戰爭後，日本在短短的幾個月內，全面佔領了中國的沿海一帶，閩、粵成了淪陷區，鎮日處於兵燹之中，「又受土匪特務的敲詐、綁票，弄得藝人賣兒鬻子，四處逃亡，許多青壯年藝人被強抓入伍，有的被迫轉業，許多年老名藝人亦因生活困難而相繼死亡。因此，抗日戰爭時期僅存大小班子七至八個，在這苟延殘喘的情況下，藝術自然談不上進一步革新與創造了。」（陳德馨〈泉州提線木偶的傳入與發展〉）；一九四九年，國共內戰結束，中共曾有一段極短的時間任由傳統地方藝術自由發展，可惜這僅曇花一現，大陸情況底定之後，共產黨為了穩固政權，先後推行了幾個影響深遠的運動，諸如「土改運動」、「三反五反」以及一九五八年的「總路線、大躍進、人民公社」三面紅旗，徹底破壞了中國人傳統的財產、家族以及倫理觀，這一連串的運動，當然也對傳統文化產生了頗大的影響，最明顯的莫過於阻礙了它的發展，不過這也僅止於使之停滯不前而已，造成毀滅性改變的則是一九六五年開始的「文化大革命」。

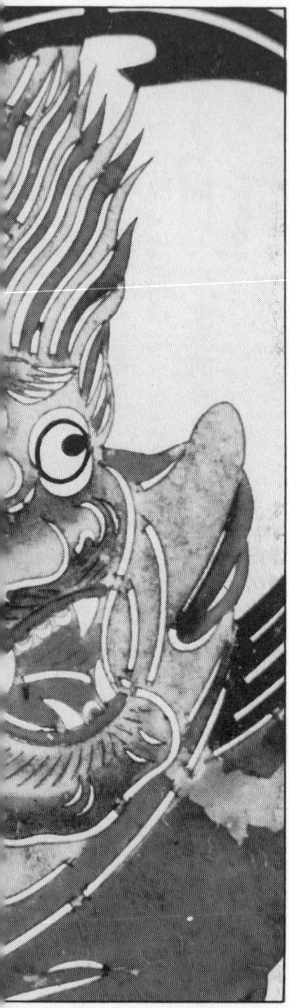

一九六五年十一月，由江青、姚文元揭開序幕的「文化大革命」，不僅用筆展開文化、思想上的批判與整肅，毛澤東更策動了「紅衛兵造反」，就在當局「造反有理，革命無罪」的支持下，造成長達十年的大動亂，學校被迫停課，知識份子大都被鬥臭鬥垮，傳統的民俗節日被廢除，歷史文物、藝術品被燒毀，祖宗及神明信仰被禁止，地方戲曲受到的傷害更大，潮州市文化局副局長陳俊麟主編的《潮州市戲劇志》記錄了當時的情形：「在『革命』的幌子下，各劇團都開展鬥走資派，揪斗牛鬼蛇神，批『文藝黑綫』，奪權、停演鬧革命，『清理階級隊伍』等；很多長期從事戲劇活動的領導幹部，藝術骨幹受到迫害，或殘酷鬥爭、拷打，或當街示衆，或送勞動改造，或下放回家……與此同時，農村各大隊，工礦企業紛紛成立業餘毛澤東思想文藝宣傳隊，有些公社（如古巷、江東）還實現『一片紅』（即所有大隊都有文藝宣傳隊），這些宣傳隊以演小型歌舞、曲藝爲主，也演一些小戲或『樣板戲』片段。」此外，泉州歷史文化中心主任王今生撰〈南音——民族藝術瑰寶〉也自承：「十年動亂時，樂團成爲批判的對象，我蒙難，樂團也被解散了。粉碎『四人幫』后，雖然樂團再度恢復了活動，但泉州南音事業的損失卻是無法彌補的。」其他劇種，當然也難逃被鬥爭、被摧毀的命運，朱斐、張

●中國有許多傳統的文物，都毀於「文化大革命」。

泉俤在〈值得回顧的三十五度春秋〉檢討說：「『文革』期間，我省（福建）的木偶戲劇事業遭受嚴重損失，許多木偶劇團被撤銷，大部分木偶藝人被解散或改行，許多優秀的傳統劇目和珍貴資料散失殆盡，整個木偶藝術事業處於衰微、消歇狀態……」。

如此玉石俱毀的文化大浩刼，不僅毀了各種地方戲曲，許多技藝精湛的藝人也因而喪身，其他得以僥倖逃生的藝人，爲了避免隨時可能遭惹到的麻煩，不僅早早毀了戲譜、劈了樂器，甚至絕口不敢談起「戲曲」兩字……在這種風聲鶴唳的環境下，過去幾百年甚至幾千年累積下的資產，轉眼之間化爲雲煙，無論是劇種或者是藝人，所遭遇的境況，顯然要比台灣悽慘、嚴重數十以至數百倍。

閩、粵與台灣兩地戲曲，自最初的移植、獨立，蓬勃成長以至於政治的傷害等等共同的命運之後，直到晚近才有較自由發展的時空，但也由於兩地政治環境、社會結構、經濟繁榮以及自由發展時間長短的不同，使得原本面貌相似，命運相近的戲曲，產生了有史以來最大的差異，不僅拉大了戲曲本質上的距離，對演出意義、表演形式，戲劇藝術上更有南轅北轍之別，值得詳加探討。

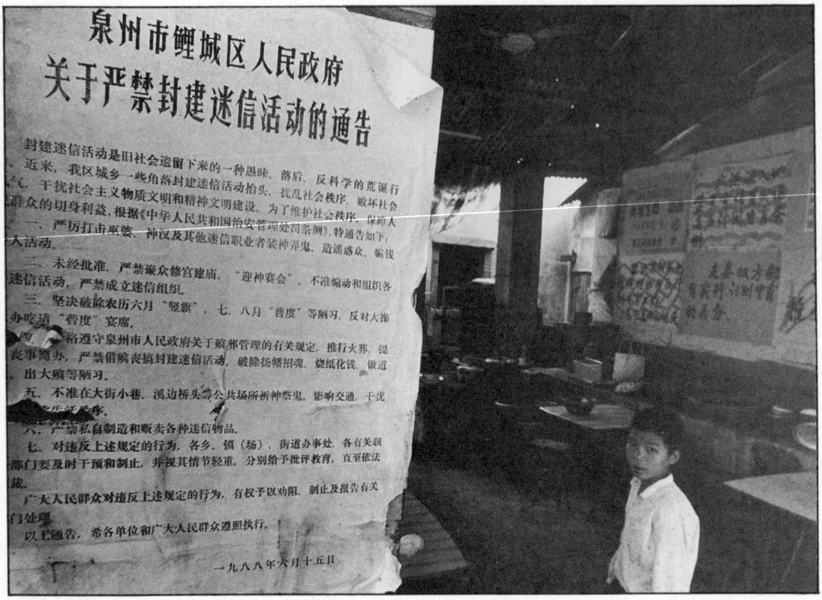
泉州市鲤城区人民政府
关于严禁封建迷信活动的通告
一九八八年六月十五日

●中共對於民間信仰的控制，至今仍未放鬆。

叁／戰後台灣戲曲的發展概況

大體而言，五〇年代的台灣，雖然社會秩序已逐漸恢復，但仍背負著沈重的「二二八」陰影，國府當局又先後施行了幾項重要的政策，其中影響最大的便是一九五二年公布實施的「勵行節約」拜拜政策，這個政策嚴格限制外台戲的演出，後經各界一再陳情，才准許每個鄉鎮每個月可演三天的外台戲，當局爲了「政令宣導」，還選派了各種劇團，推行所謂「文化列車」的活動，在這一系列活動中，所演的清一色是宣傳劇，諸如《保密防諜》、《女匪幹》、《反共必勝》之類的八股劇情。

國府當局一方面禁戲，一方面又大肆推廣「宣傳劇」，對台灣的戲曲傷害至深，至五〇年代末期以後，由於經濟建設稍有成果，再者當時的娛樂並不發達，民間對傳統戲曲的需要仍相當強烈，因而乃採取許多變通的方法，讓地方戲劇能在各個不同的時間、機會演出，「演出野台戲需先向警察機關申請報備。由於按照規定，酬神戲最多只能演出三天，因此，他們申請的

●「文化列車」的活動，所演的清一色是八股的宣傳劇。

理由便出現了『復興中華文化』、『慶祝空軍節』和『各界民眾同樂會』等種種名堂」（梁正居《台灣行腳》），這種「變通」的辦法，甚至一直維持到一九八七年，台灣解除戒嚴之後，民間演戲才不必如此大費周章。

六〇年代以降，台灣社會雖還談不上繁榮，但已開始走上安定，這本是地方戲曲大好的發展機會，但因廣播、電影的復甦，更有電視的興起，這些新式的娛樂，在台灣的經濟剛要起飛的時候，便進駐台灣的娛樂事業，造成了娛樂結構的大革命，搶走傳統戲曲的觀眾，更帶動了歌唱、舞蹈等表演事業興起，六〇年代初期的表演事業雖沒什麼成績，但中、末葉之後，電影、電視等媒體培植了許多「明星」，這些明星挾著他們在銀（螢）幕上的吸引力，在都市的表演場所直接面對觀眾，吸引了不少中產階級人士，至於廣大的鄉間，雖較不易見到「明星」，卻開始流行妙齡女郎穿著暴露的歌舞表演，抓住了不少樂好此道的人們。

六〇年代新興的影視以及歌舞，以充滿誘惑力的面貌出現，而當時的台灣社會，卻因新創剛癒，舊基未復，恰恰毫無自制力可言，自然也只有沈溺在五光十彩的迷惑中了。這種現象，到了七○年代更爲明顯而嚴重，這個時期，工商業逐漸取代農業成爲這個時代最主要的社會結構，臨近都市的農村或者交通便捷、腹地廣大的鄉村開始被大肆開發，不少一輩子辛勤耕作的農民，賣了田地之後，突然成了腰纏萬貫的暴發戶，其餘多數的農村子弟，也不甘於困守在水田與稻埕間，他們紛紛湧進新興的加工區，每個月賺取比從事農業高出一兩倍的報酬，整個社會爲了應付中、輕型工業的發展以及日益頻繁的貿易需要，脚步不斷加快……這種種因社會結構以及生活條件改變所帶來的衝擊，使得傳統戲曲的生存空間日益被剝奪；邱坤良撰《現代社會的民俗曲藝》謂：「民國五十年前，估計最少有三百團的職業戲班在全省各大小戲院作營業演出，表演的主要是歌仔戲和布袋戲，在民間作廟會酬神演出的戲班總數則在五百團以上，表演的除前述兩個劇種之外，還包括北管、南管、傀儡戲、皮影戲和平(京)劇。而後因受電影、電視及各種新型娛樂發展的影響，地方戲劇失去在劇院演出的機會，許多『內台』班只好轉作野台班，而經濟的繁榮，改善了一般人的生活，民衆有能力享受各種藝術活動，即使是一般演員的子女，也有更多接受教育與選擇職業的機會，不再像以往，長大之後繼承衣缽，走上演戲道路。貧苦家庭出身的子女，或受學校教育不多的年輕人也寧可當女工、店員謀生，而不願演戲，使得民間戲班逐漸感到表演人才的不足，一般的戲班都靠老演員支撑，新進的演員因少再經過科班的嚴格訓練，在技藝上也較以往差。」

地方戲曲演出的機會減少，使得學戲的人少，技藝也不求精進，藝不精，學戲的人又少，當然也使得地方戲日益褪色，如此惡性循環，使得地方戲曲的生存條件日益困難，更嚴重的是，長期的教育不當與人們的投機心理猖盛，使得整個社會日益功利化與庸俗化，這個趨勢，讓大部份的觀衆無法靜下心來欣賞與體會傳統戲劇中從扮相、服飾、音樂、唱工以至做工的象徵之美，虛浮而庸碌的心靈唯一想得到的只是感官的刺激，於是乎，衣著暴露、載歌

●故土的印象，讓許多台灣人長久以來，一直對中國懷有不能釋懷的情感。

●舊時的廈門，是漢人東渡的跳板，如今則成了台灣人回原鄉的重要門戶。

●閩南和台灣，由於氣候相近，產物也相當類同。

●台灣有許多信仰源自於閩粵地區，如今更有無數人回「祖廟」進香。

●泉州的高甲戲，早期因表演中演員常「放目箭」而被視為「淫戲」。

●泉州市高甲實驗劇團，爲泉州市立的劇團，演出水準相當整齊。

●廈門市的業餘高甲劇團由於訓練有素，演出的成績也毫不遜色。

●晉江縣的高甲劇團，在陳埭演出，仍吸引許多觀衆。

●福建梨園實驗劇團，設在泉州市，是閩南地區最優秀的梨園戲班。

●漳州薌劇團的團員，日常在劇團內練功的情形。

●龍溪的業餘薌劇團，編制雖比不上公立劇團，上戲時仍有相當的可觀之處。

●廈門市薌劇團演出「五子哭墓」中的一幕，演員的演出極爲賣力。

●閩南的地方戲，較講究場景的搭配與氣氛的凝控，自然更易吸引觀衆。

●廈門市薌劇團的服裝道具，已明顯地朝「京劇化」看齊。

●現今台灣的戲班都靠老演員支撐。

載舞的歌唱晚會逐漸出現在野台上，這種極具聲光之娛，又充滿感官刺激的新興娛樂，頓時成爲傳統戲曲最大的敵手，不少劇團在毫無還手能力的情況下，只得紛紛解散，其餘不肯解散的劇團，只得隨波逐流，加入許多粗糙的，卻能符合現代人需要的東西，僅有很少數的劇團，一直堅持著傳統戲曲的型態，苦苦的維持下來。

長久以來，台灣社會各階層競相追求物質的享受，完全放棄精神與心靈生活的培養與需求，不僅使得功利主義日益高漲，人們更因生活的虛無，無力追求高貴的精神生活以及豐裕

●低俗、空洞卻「廣受歡迎」的野台歌舞秀。

的文化，只能依附在粗糙、低俗的文化之中。這樣的前因，自是導致八〇年代以降，色情嚴重入侵廟會，大肆取代傳統戲曲的最大理由。

六、七〇年代，僅在劇院中取代「內台戲」的歌舞表演，雖也摻雜了少許的色情成份，但問題還不甚嚴重，然而到了八〇年代，色情依附著野台歌舞團與電子琴花車而攻城掠地，其中尤以電子琴花車最爲泛濫、猖狂，「崛起於雲林縣麥寮一帶的電子琴花車，初期的經營型態，僅係喪葬陣頭之一，爲『五子哭墓』、『牽亡歌陣』……的一環（至今仍是），後來才投入廟會喜慶的陣頭表演，開始摻雜黃腔和艷舞，而逐漸闖出它那扭腰擺臂、搖臀弄乳的昭彰惡名來；並同時向南北擴散、蔓延，不到三年時間已遍及全台，七十三年是它的發展頂峰，全省總共三百一十五團（省府調查資料，七十四年二月），北自宜蘭南至屏東，甚至花蓮、台東都有它的足跡……其中以大本營雲林縣最多，嘉義、台南兩縣居次，足見發展之可怕。」（黃文博《台灣信仰傳奇》）。

如此低俗、空洞卻「廣受歡迎」的電子琴花車以及野台「歌舞秀」，不僅說明了台灣文化的劇變，更重要的是，它們搶走了泰半的野台戲演出機會，剩餘不到一半的演出機會中，價格低廉的野台電影，以及單人操演的金光布袋戲至少又控制了三分之二的優勢，其餘才是以歌仔戲爲主，兼含了少許北管戲、高甲戲、四平戲、皮影戲、傀儡戲和傳統布袋戲的生存空間。

台灣的傳統劇種，在生存空間日益狹窄的情況下，爲求生存下去，大都只能隨波逐流，其中最明顯的首推歌仔戲中「胡撇仔」的出現，「胡撇仔」意指胡亂一氣、不照正本的意思，演出時，只見演員個個珠光寶氣，服裝標新立異，後場換成了爵士鼓、電吉他、薩克斯風、舞台上也添了五彩閃燈、流星管、乾冰、吊鋼索、活動布幕……等等現代化的設備，演出時，穿著鳳仙裝的大家閨秀可以和日本浪人同台，披甲穿掛的千軍統帥面對的是阿哥哥裝與玩具手槍……這種種不一而足的變化，已足令人難以忍受了；八〇年代中期以降，因受野台「歌舞秀」的影響，更朝著暴露、色情的方向發展，初期僅以三點式的服裝夾雜在古裝戲服中，不久後開始轉向前半段演「胡撇仔戲」，後半段把布景一換，學著野台歌舞秀跳起脫衣舞來了。

以「胡撇仔」爲主流的歌仔戲，自然談不上編劇、演技以及唱工、做工……等等戲曲中最具藝術價值的部份，野台戲既然不重視藝術的表達與演出，演員自然日益不求精進，長此以往，遂出現了另一種怪現象，那就是「錄音戲」的出現。

台灣的「錄音戲」，最早僅是用唱片或錄音帶取代後場的音樂演奏，最早嘗試這種演出型式的，首推麥寮「拱樂社歌劇團」的陳澄三，他於五〇年代末期，因受美國白雪溜冰團以配音方式演出的影響，爲突破當時歌仔戲演出觀衆漸少的困境，乃試着錄製一齣完整的戲，除了唱腔外，還包括賓白、文武場，也預留了演員身段的時間，克服了重重重困難，終於完成了《孤兒流浪記》與《亂世遊鳳》兩齣戲，經過多次的測試、排演，搭配得天衣無縫才正式上台，竟然一舉成功，「使得拱樂社戲約不斷，許多戲院甚至指名要錄音團，這也是因爲當時參與錄音的演員都是一時之選，不論唱唸音樂品

●以「胡撇仔」爲主流的歌仔戲，完全談不上編劇與演技。

質都很高，因此廣受歡迎。」（劉南芳〈由拱樂社看台灣歌仔戲之發展與轉型〉）。到了六〇年代，南投「新世界掌中劇團」的陳俊然也試着以事先的錄音取代後場與對白，效果也相當不錯。然而這種錄音戲即使經過專門的設計與製作，演出時稍一不慎，便可能連出差錯，如果配音及劇本的品質不夠精良的話，演出效果必大打折扣。至八〇年代中期，「錄音戲」唯一的功用只是偷工減料，降低演出成本而已，演員上台，只要按照錄音帶的速度比比動作，對對嘴便成了，這種演出方式，出現在金光布袋戲中，還不覺得太過奇怪，但是在野台歌仔戲中，演員卻都如傀儡般，毫無感情可言。

按錄音比劃的「錄音戲」，既無演出的臨場感，更無藝術價值可言，卻仍能生存，除因價錢低廉，更因傳統劇團的演員培訓困難，而「錄音戲」只要會比劃動作者都能上台，根本不求演出經驗與唱唸，這樣的「啞吧演員」不只尋求容易，演出報酬也低許多……如此惡性循環，自然就給了「錄音戲」最大的生存空間。

歌仔戲之外的其他劇種，大都已無法維持正常的演出，但至今仍未絕種的因素，則來自劇種的特殊性。先以北管戲為例，自一九七七年起，僅餘新美園北管劇團一班而已，這個劇團長久以來，每年約只有一百五十棚以下的戲，民間對它的需求，全因台灣的亂彈自清以降便被視為大戲，因此無論什麼地方請戲，新美園清一色都演「正棚戲」（所謂「正棚戲」乃指有許多棚戲同時演出時，正對大廟的戲，因此正棚戲需較正式、莊重，戲班的地位也較高。）其中泰半都為應寺廟落成，建醮祈安法會而演出，根本無法像側棚的胡撇仔歌仔戲或野台歌舞團般吸引那麼多的觀衆，可說完全因它特殊而隆重的意義而存活下來。

北管戲之外的職業劇團，雖還有高甲、四平、客家採茶等大戲班（南管戲、潮州戲已無職業劇團存在），但這些劇團根本無法以傳統型態生存，只能採取白天演原始劇種，晚上演歌仔戲的變通方法存活，如此惡劣的環境，自然逼得「許多堅持傳統表演的藝人紛紛歇業、改行，無法改行改業者，只好默默地在困境中求得一息尚存。行頭破舊、演員缺少也只有繼續演下

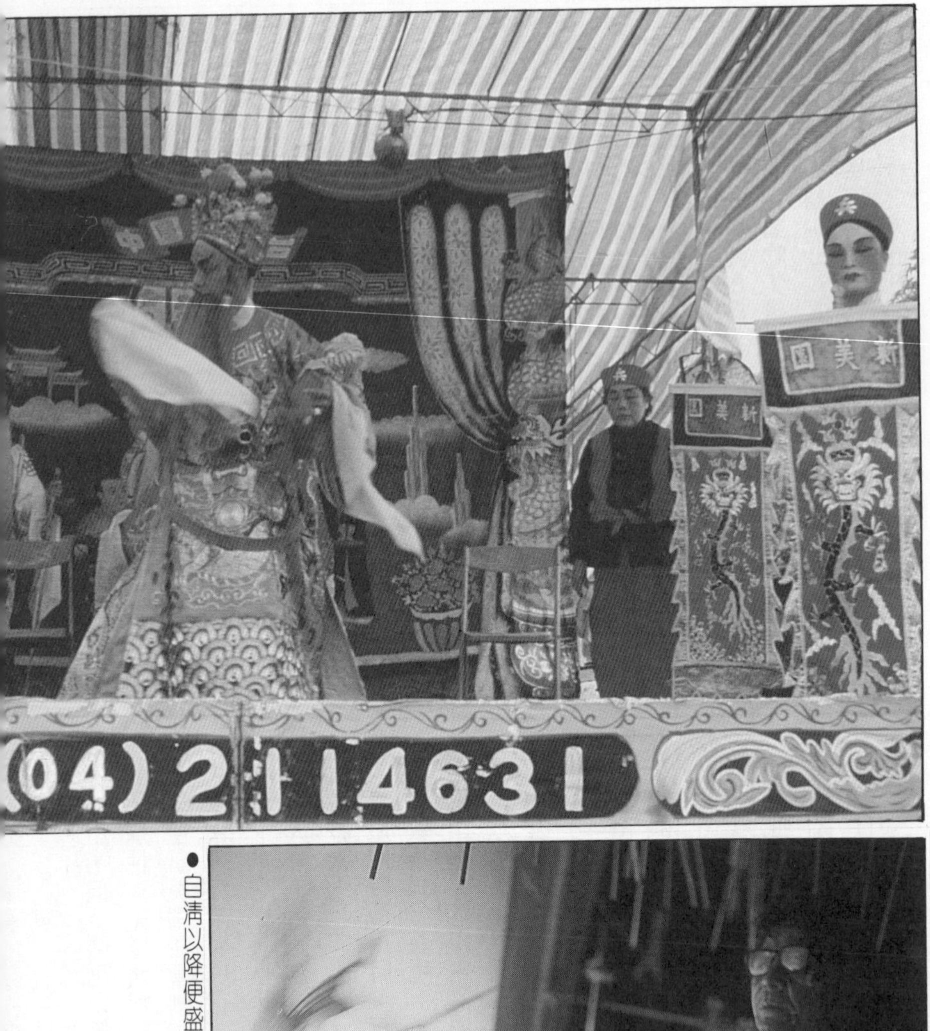

●自清以降便盛行在南台灣的皮影戲。

●早期台灣的「正棚戲」，大都由亂彈戲班擔綱。

去，一天打魚、三天曬網地經營，平時沒有演出的日子裡，男人做工去，女人兼一些家庭副業。」（江武昌〈偶戲與大戲〉）。

在偶戲方面，傳統布袋戲班，雖仍存有哈哈笑、亦宛然、似宛然、新興閣、小西園、美玉泉、寶五洲……等少數幾團，但能維持職業演出者甚少，八〇年代以降，由於有些社會人士以及大學教授的關注，使得這個劇種在台灣的名氣非常響亮，因而經常有機會出現在各大學校園間、以及官方或民間舉辦的文藝活動中，但這些演出純粹只是觀摩或示範性質，對它在民間的生存卻少有助益。

自清以降便盛行在南台灣的皮影戲，現今僅在高雄縣仍擁有四團，分別是復興閣、東華、永樂興以及合興皮影團，這些劇團雖有部份嚐試改良，諸如改成半側面的戲偶或稍稍放大，但大體都能維持傳統的演出型式，平時演出機會卻少，僅在特殊事件場合或官方的文藝活動中才有機會演出，只能算是兼業劇團，所有的藝師必須依靠其他職業才得以存活。

傀儡戲的命運，與其他偶戲相去不遠，現僅存的新福軒、福龍軒、錦飛鳳、集福軒、新錦福……等少數劇團，這些劇團除應邀至各縣市機關或官辦的文藝活動演出外，其餘幾乎全因宗教的需要，諸如跳鍾馗、祭煞、掃路、送孤、壓火災、娶妻、拜天公……等等才有機會演出。

肆／文革之後閩粵戲曲的再興

中國歷經了十年的文革浩刼，傳統文化在紅衞兵的「破四舊、立四新」的全面改革下，早已面目皆非，傳統戲曲受到的傷害更大，泰斗藝人被「鬥臭鬥垮」，劇團被封，道具行頭被毀，一時之間，曾經是幾千年來中國最傳統的藝術與娛樂表演完全銷聲匿跡，這種玉石俱焚，覩之心驚的慘狀，一直到一九七六年十月，江青、王洪文、張春橋、姚文元等四人幫被捕之後，才獲得再生的機會；當時的情況，許多中國的文獻資料都有詳盡的說明：

粉粹「四人幫」，福建木偶戲劇也獲得新生。尤其是（共產）黨的十一屆三中全會以後，極大地調動了廣大戲劇工作者的積極性，我省的木偶戲劇事業得到了迅速的恢復與發展。漳州、泉州等地，市、縣的木偶藝術隊伍重新建立，並著手培育一批藝苑新秀，木偶舞台又出現生機勃勃的局面。

——朱斐．張泉俤〈值得回顧的三十五度春秋〉

在「百花齊放，推陳出新」的方針指引下，閩南幾個主要城市都成立了專業的南曲社團，對南曲進行了一些發掘、整理和研究工作，獲得了一定的成績，同時還編配和創作了許多反映現代生活的曲目進行演出，其中如〈晋江兩岸好風光〉（陳天晴曲）等，已受到普遍的歡迎，對南曲的改革，使這一古色古香的民間樂種面貌煥然一新。

——王權〈南曲今昔〉

閩、粵戲曲再興的契機，雖然遲至一九七六年以後，但一方面因中共當局的政策鼓勵，各種劇團競相「百花齊放」，再者更因共產制度，官方可隨心所欲的調動大批的戲劇或藝術工作者，實際參與地方劇團的重建與再興，更重要的是，中國生活水準甚低，八〇年代中期以後雖然電視開始流行，但仍相當不普遍，除此外別無其他娛樂，傳統的地方戲仍是廣大人民最主要的娛樂；這種種有利的因素，使得中國的地方戲曲，在短短的十幾年間，便重啓了一個

●中國閩南地區的偶戲，於八〇年代中期以後再興。

蓬勃而前所未見的世代。

火浴之後重生的閩、粵戲曲中，最活躍的乃屬閩南的布袋戲、傀儡戲以及粵東的皮影戲。

自宋室南遷始，布袋與傀儡兩戲便在泉、漳兩地落地生根，並且以獨特的風采贏得廣大觀衆的青睞，它們長久以來都能睥睨左右，顧盼自雄，主要的因素有二：一是戲偶雕製，二是前場演出。

戲偶是布袋戲與傀儡戲的主角，當自宋時「……此邦（漳州）陋俗，當秋收之後，優人互湊諸鄉保作淫戲，號曰『乞冬』。羣不逞少年，遂結集浮浪無賴數十輩，共相牽唱，號曰

『戲頭』，逐家裒歛錢物，豢優人作戲，或弄傀儡，築棚于居民叢萃之地，四通八達之部，以廣觀者。至市廛近地，四門之外，亦爭爲之，不顧忌。……」（陳淳《上傳寺丞論淫戲書》），清中葉之後，泉州的「西來意」號打響了名聲，木偶雕刻的藝術價值，不僅成爲泉州偶戲中極重要的一環，再加上後來幾位藝師的努力，其地位甚至遠超越前場演出之上。

據黃錫鈞撰〈泉州嘉禮古今談〉記載，泉州重要的雕刻藝師，依序是：「義全后街『西來意』號的佚名工藝師、塗門街周晃號的黃良師、黃才師，以後又有塗門街的黃嘉祥、北門花園頭的江加走。……」這些成名的商號或藝師中，「西來意」號以雕傀儡頭稱著，其餘的黃良師、黃才師、黃嘉祥與江加走等人，則是晚近中國布袋戲偶頭雕刻兩大門派——「塗門頭」與「花園頭」的代表性人物，每個人都有傑出而獨特的成就。

閩南偶戲自南宋傳入之後，其間當然有無數的藝師不斷地努力，同時又受到開元寺的佛像、石獅、四大金剛以及東西塔上浮雕的影響，終於在清中葉之後，發展出獨特且具有高度藝術價值的木刻作品，在現今仍可比對的作品中，「西來意」的釋迦頭應是仿自開元寺紫雲大殿的佛祖像，江加走的北仔、慘奸、文奸、魁星、怪頭……等神怪角色，許多靈感都來自東西塔上的神將浮雕。

當然，泉州木偶的傑出成就，除來自傳統文物與寺廟雕塑，更重要的是來自藝師們對現實生活與人物百態的深刻體驗與觀察入微，在這

●清中葉之後，閩南戲偶的雕刻王國——塗門街。

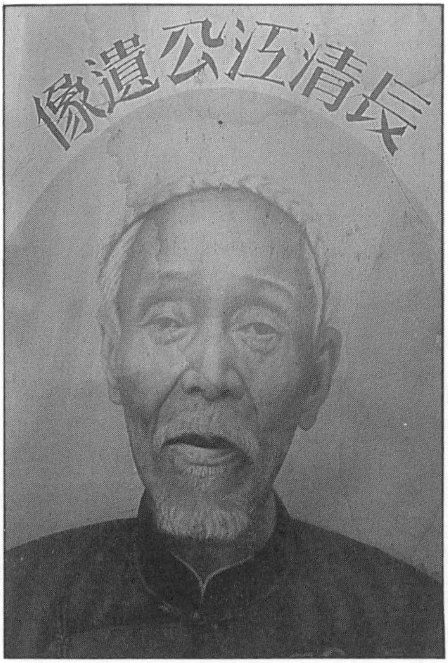

●近代中國最偉大的木雕藝術家——江加走。

些方面表現最深刻，且最能反映在作品中的，首推江加走。沈繼生撰〈木偶之父——江加走〉謂：「試以他的傑作『媒婆』爲例，江加走的觀察結果認爲，做媒這個職業，總得要能隨機應變，時常要陪著笑臉，這種媚笑是情不由衷的，於是，他的造型設計是：兩片薄唇，加上一張能開合的嘴巴，嘴角長了個長毛的黑痣。……另一方面，江加走又覺得做媒婆的，終日奔波，用盡心術，夜不成眠，內心是痛苦的，於是，造型設計又必須是：面容消瘦，額頭眼角浮現幾道皺紋，太陽穴貼上兩片頭暈膏提神，這又是個被同情的形象。就這樣，作爲具體的、生動的『媒婆』形象被活靈活現地勾勒出來了。」

從「西來意」仿佛陀頭，到「塗門派」以至於「花園派」在傳統文物中取得靈感，並充分反映現實人物，自然可以理解何以江加走被譽爲晚近中國戲偶雕刻首屈一指的大師，他在中年時，創作力最旺盛的期間，一年中所生產的作品，有十個月都銷往台灣，其餘才銷在本地，待他過世之後，中共更把他的遺作列爲國寶級的民俗文物，嚴禁出口，可見得他在木雕藝術史上的重要地位。

江加走之後，幸而還有其子江朝鉉繼承「花園派」的衣缽，不致像「塗門派」僅餘塗門街供憑弔而已。

偶戲的前場演出，自明中葉開始漸脫離宮廷與官場，向四方擴散，並開始植根在鄉土之中，這種現象一直持續到清代，因此朱丹在討論〈我國木偶戲皮影戲的民族特色〉時，認爲：「目前全國各地的木偶戲、皮影戲，據有史可查的，多半開始於明末清初。」泉、漳成爲中國木偶戲的重鎮，自是清中、末葉以後的事，此後閩南的偶戲不只影響台海兩地的發展，更經由此而傳入東南亞、南洋群島以及日本等地，這種蓬勃發展的情形，卻不幸先遭中日戰爭的兵燹之災，至國共內戰結束，中共取得大陸政權之初，也像國民黨在台灣實施的「文化列車」般，推出了所謂的教育宣傳劇：《除五毒》、《解放一江山島》、《革新的道路》、《補大缸》……等，這些宣傳劇完全是爲了應付官方的需要而生，一般觀衆的接受度都相當低，不到幾年後，官方不再要求這方面的演出，立刻便全部消失無踪。

官樣化的政治宣傳劇對任何一種地方戲曲，都是一種嚴重的傷害，幸好當中共在如火如荼的推廣這些政治鬧劇的同時，並未禁止傳統劇目的演出，也就因這個僥倖，一九六〇年，第二屆國際木偶、傀儡戲劇節在羅馬尼亞舉行時，由楊勝、陳南田與李伯芬等人主演的漳州布袋戲團榮獲一等表演獎，泉州的懸絲傀儡團則得到二等獎章，這次得獎，對閩南的傀儡戲

●第二屆國際戲劇節之後，閩南地方的偶戲大放異采。

至少產生兩項重要的影響：

一、導致泉、漳兩地布袋戲與傀儡戲地位的對換。在這之前，泉、漳兩地雖同時都有布袋戲與傀儡戲，但泉州係塗門與花園兩派布袋戲偶的產地，素以布袋戲領先群倫，漳州爲突顯自己的地位，只得致力於經營傀儡戲；沒想到在第二屆國際戲劇節，漳州以布袋戲掄元，泉州反而只以傀儡戲得到第二名，漳州乃順理成章的取代了泉州的地位，成爲中國布袋戲的重鎮，失去頭冠的泉州，換成了只得致力經營傀儡戲，與漳州分庭相抗。

二、埋下浩刼之後再生的種子。中共取得大陸政權至文化大革命之前，爲了鞏固領導中心，雖曾先後實施過土地改革、三反五反、大躍進、人民公社等政策，加強對人民的控制，但對傳統文化的摧毀仍有限；但到了文化大革命這個完全針對文化而生的運動，主要的方針就是要「打倒孔家店」、「破四舊、立四新」，要廢除傳統節日、毀棄傳統文物……如此的文化浩刼，對傳統戲曲的傷害甚至是連根刨起；浩刼之後，爲了與官方「百花齊放，百家爭鳴」

的政策相呼應，擁有「光榮」歷史的布袋戲與傀儡戲乃成爲最早復甦的一項。

再生的閩南偶戲，最大的特色是實驗與創新；在傀儡戲方面，「泉州提線木偶從劇目創作、造型藝術、形體結構到燈光布景、服飾頭戴、線位線規、舞台藝術、音樂唱腔等都不斷推陳出新，有所創造，有所前進。」（陳德馨〈泉州提線木偶的傳入和發展〉），在此不斷推陳出新的原則下，舊時「『十枝竹竿三領被』搭成一個『八卦棚』，一道矮布屏，把戲台隔爲前後兩部分，演員站在屏後操縱木偶，屏前爲表演區，上遮一條橫幅，寫著『內廉四美』……台前與台後一般高，木偶提線的長度只有地面到演員面部，演員探手可及木偶。行當分生、旦、北（淨）、雜（丑），一台戲只有四個演員，號稱『四美班』」（黃錫鈞〈泉州嘉禮古今談〉）的傀儡班後很快就被淘汰了，取而代之的是「天橋式的立體舞台」，這種舞台不只把舞台增高，更擴大至可同時容納十幾位演員演出，爲增強演出的效果，演員都站在舞台上方，傀儡的提線增長了三、四倍，演出的難度因而大增，但這種擴增了舞台縱深，撤除屏幕，換上活動布景的改良傀儡戲，完全不同於以往單一、保守的表演方式，而出現了奇幻、繁複而多重的視覺效果，只是放大後的舞台，同時也必須放大戲偶，傳統精雕的傀儡偶無法再上台，新刻的大戲偶，無論造型或刻工都遜色許多，這是美中不足的地方。

再談布袋戲，中國布袋戲的改良相當早，二〇年代末期，閩西便出現過專爲中共宣傳的時裝布袋戲，中共取得大陸政權之後，多數劇團已捨彩樓不用，文革之後再出發的布袋戲，更清一色都是放大的戲偶與彩繪的布景舞台，如此把傳統戲偶放大一倍，利用木桿以方便控制的布袋戲，其實與台灣的金光戲頗爲接近，只是他們不像台灣胡亂加入一些流行歌以及閃爍的五彩燈光，而是以新的編劇、新的題材，應用在這種改良的布袋戲上，雖然失去了舊藝，卻也開拓了一個新的世界。

盛行在粵東地區的皮影戲，主要分佈地點北起福建的詔安，南到廣東的陸豐一帶，由於分佈地帶完全不同，經濟條件、社會結構以及文

●早期的「內台四美班」，今已不易見到了。

●林勃仲在泉州拜訪黃奕缺、黃義羅等藝師。

化主管單位的態度都大不相同，皮影戲的際遇就沒有布袋戲或傀儡戲那麼幸運。

自古以來，潮州便是中國南方皮影戲的重鎮，不僅粵東一帶的影戲都源自這個古老的城市，更有一支遠傳到台灣，有趣的是，清中葉之前，潮州系統的皮影大致是：「潮州皮影，世稱皮猴，角色、道具以牛皮雕形，用彩色裝飾。表演時，台內置一油灯，台面裝一竹框，用透明紙糊在框上，讓人物形象照在上面……」（陳俊麟主編《潮州市戲劇志》），但到了清末葉，平面式的影戲無法再滿足觀衆，因而有了破天荒之舉：「台上的紙窗紛紛改爲玻璃窗，並且不再以皮雕形，而是捆稻草爲圓身，紮紙爲手，削木爲足，塑泥爲頭面了。人物著上戲裝，並在其背後及雙手各安上硬鐵線一根用以操縱，當時稱爲圓身紙影。」（同前引），不久之後，圓身紙影前的玻璃也被取消了，影偶的造型不斷改良，遂成爲偶長一尺，鐵線長八寸到一尺的鐵線木偶，後場的配樂與唱唸，則一直保持者傳統的潮劇。

「破窗而出」的鐵線木偶，呈現了更立體的

●「破窗而出」的鐵線木偶，呈現了更立體的戲劇效果。

戲劇效果，贏得更多觀衆的喜愛，附近地區受到影響紛紛效仿，不久之後，汕頭、潮陽、揭陽、流沙、豐順一帶也改演鐵線木偶，僅餘最南的陸豐及福建的詔安仍保留原始的演出型式。無論是改革或傳統的皮影戲，文革期間受到非常大的傷害，浩劫之後又因當地的文化機關偏重大戲的發展，致使現今所有的劇團都屬於業餘性質，雖然如此，演出的水準仍相當整齊，每每總吸引無數的觀衆擠滿戲台下。

閩、粵戲曲至今仍不致於墜入低俗的深淵中，經濟的落後與共產社會的制度當是最大的影響因素。無可否認的，自一九四九年，中共取得中國政權的四十年來，一方面因中國人對共產制度的不適應，再者中共領導班子爲了競奪政權，內鬥相當嚴重……這種種因素，都使得中國一直困守在貧窮與落後的泥濘中，人民連生活都自顧不暇，根本無力去享受娛樂，更不必談什麼追求感官上的刺激了。

貧困的中國人民，既然對生活都自顧不暇，戲曲的存在本應是最困難的，但文化大革命之後，中共當局一方面爲重塑「形象」，同時也爲

●經濟的落後與共產社會制度，使閩粵戲曲不致於急速變質。

彌補文革那十年，對歷史文物徹底破壞所造成難以彌補的傷害，對傳統文化的復興頗爲重視，在各省份創設藝術專科學校，在各市、地區、縣、鎮、鄉設立傳統戲劇團體，這些都是文革之後，最具體而深刻的「文化復興之道」。

中共能在省、市、地區以及各級地方政府創設傳統戲曲團體，完全因共產主義的制度使然，儘管自八〇年代中期以降，「有飯大家吃」的共產主義遭逢的問題日益嚴重，乃緩慢地開放「個體戶」存在，但整個中國仍處於共產制度，這種制度雖然有絕大的缺點，且完全不適合懷有根深蒂固「傳家寶」思想的中國人，但對已將沒落的戲曲而言，卻因劇團的收支泰半由政府負責，團員們較不必爲生活煩惱，全天都可投入創作與演出中，這也就是中國戲曲在文革浩刧之後，仍能重新出發的主因。

除了三種偶戲外，還有許多戲曲也是拜中國的落後與制度而存活得相當良好，被譽爲「國寶」的民族音樂「南音」、有「宋元南戲遺響」的梨園戲、以諷刺丑戲見長的高甲戲、獨樹一格的潮劇以及源自台灣的薌劇……等，都是著

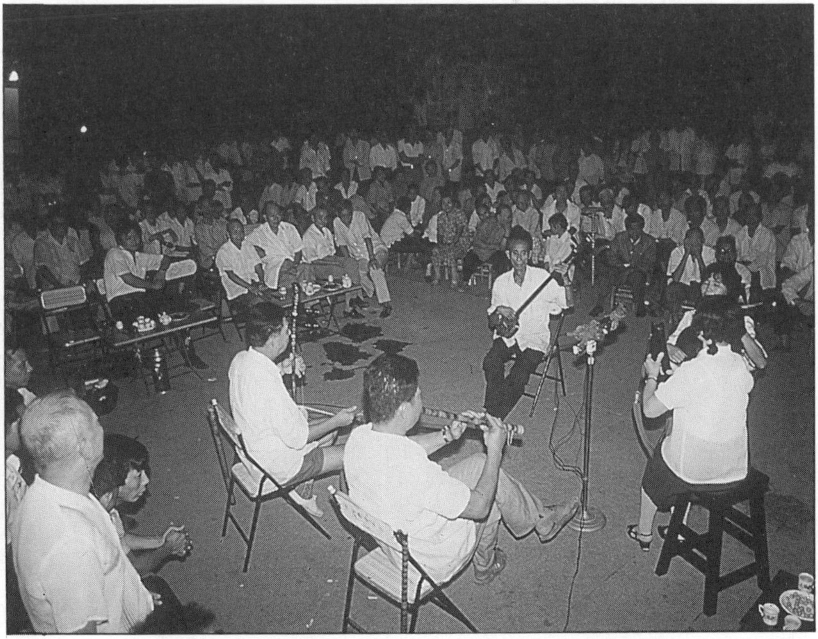

●被譽爲「國寶」的南音，主要的根據地在泉州。

名而具體的例子。

被譽為「國寶」的南音（南管），主要的根據地在泉州，自明、清兩代起興盛，不僅唱遍整個閩南地區，成為代表性的音樂，更隨著閩南移民傳至世界各地，形成一套獨特的南音音樂世界。十年的文革浩劫，雖曾使南音遭受最大的傷害，但近年來，隨著中國對外政策的開放，泉州、廈門、漳州等地的南管以及其他戲曲大都恢復了舊觀，據統計，現屬泉州市轄的地區，便有將近五百個職業南管團，而在泉州市區的鯉城區，除擁有一公立的職業「南音實驗劇團」外，更有二十餘個業餘班，廈門市也擁有數量相當的業餘團體。

梨園戲是一種以南音為藍本發展出來的古老劇種，傳統的梨園戲還分「上路」、「下南」與「七子班」，鄭清水撰〈歷史悠久的梨園戲〉謂：「元代各省設『路』，泉州人均俗泛指北方（包括江西、浙江等省）曰『上路』，對自己則稱『下南人』。」「上路」一般統稱做「大梨園」，由浙江傳入泉州的「上路」梨園戲，主要的骨幹以宋代的溫州雜劇為主，後融合了一些地區的方言與生活風貌，演出的劇目與形式仍較嚴肅而哀怨。在泉州本地發展出的「下南」梨園戲，以「土腔」為主要的表演形式，此外更有「纏綿哀怨的生旦曲」，更重要的是，「獨具的粗獷、潑辣、活躍、諢鬧特點，然『七子班』和『上路』的細緻優雅不同，別具格調，顯露其粗糙面、樸質感、泥土味。」（吳捷秋〈「梨園」與「梨園戲」析論〉）。至於「七子班」，最早是指由童伶組成的戲班，這樣的戲班大都由地方富豪獨自出資雇養，除了可自己欣賞外，遇有親友來訪或重大節慶，更可隨時演出助興，自明以降，仕宦富豪蓄養「七子班」自娛娛人竟成風尚，清中、末葉之後，因野台的「下南戲」皆由七人演出，七子班之名乃被借用，只是，這時期的下南七子班，卻成了「嘲謔雜淫哇，咿啞不可辨」的「淫戲」，正也因此，才會出現「喧喧蕭鼓逐歌謳，月落霜侵劇未收」的熱鬧場面。

文革之後，舊時的「上路」、「下南」與「七子班」都已不復存在，唯一還能接續起梨園戲薪火的，也僅官方的「福建省梨園實驗班」，這

●文革後，唯一能接續梨園戲薪火的，僅官方的「福建省梨園實驗班」。

個設立在泉州市的劇團，在浩刼之後的一片空白中，以僅存有限的資料，把舊時三個流派的梨園戲整合成一體，並把傳統名戲《李亞仙》、《陳三五娘》、《斷機教子》、《荔鏡記》、《劉文龍》……等，重新整理，又新寫了許多劇本，並以專業的方法培育演員、樂師、舞台設計、燈光設計、道具、布景等方面的人才，大肆改良劇場，使得現今的梨園戲，除保有傳統梨園的典雅細緻與優美哀怨，更加入了許多的現代劇場的觀念與節奏，隨時都有動人的高潮，帶引觀衆深入劇中的世界。

高甲戲其實與傳統的梨園戲，有相當親密的關係：

至清代末葉，「泉腔」高甲戲、打城戲又形成爲新興劇種，梨園戲逐步趨於衰微。「下南」在後來雖採用畫幅布景，及吸收一些新劇目如《劉全錦》、《金俊》等桶戲（即幕表戲），來充實自己，刷新舞台，但已是「強弩之末」，不足與勃興的地方劇種相抗衡了。臨解放前，有的「下南」班索性改爲「高甲班」……

●「丑戲不丑，丑中見美」是傳統高甲戲的另一特色。

——吳捷秋〈「梨園」與「梨園戲」析論〉

這段記載，正說明高甲與梨園其實爲同宗不同種的戲劇，至於它的形成與興起的概況：

高甲戲始於明末清初，當時出現由小孩專演宋江故事的業餘戲班，觀衆稱之爲「宋江仔」。後來逐漸發展由成年人扮演的專業戲班，又稱「宋江戲」，至清後期，民間出現了文武兼演的「合興戲」，因它戲路較廣，深受群衆喜愛，「宋江戲」便與「合興戲」溶爲一體，組成爲「高甲戲」。據云，早年「合興戲」到印尼演出，當地華人稱家鄉戲曲爲「高等甲等戲」而得名。

高甲戲吸收了梨園戲、木偶戲的劇目和表演特色，又揉合了戈陽腔、微調和京劇的表演及武功技藝，發展成爲有自己表演特色的地方戲曲，因原來都在高台上持戈披甲演出武打戲，故高甲戲又俗稱「戈甲戲」。

——福建泉州高甲戲劇團〈劇種介紹〉

這種因武戲而興起的劇種，在舊社會很快地博得廣大觀衆的喜愛，並成爲福建五大地方戲之一，直到晚近十餘年來，社會逐漸開化、進步，傳統武戲的魅力大減，爲了抓回觀衆，再出發的高甲戲乃致力於傳統高甲戲的另一特色——丑戲，他們本著「丑戲不丑，丑中見美」的原則，強調生活的變貌，性格的誇張，發展出輕快、活潑、節奏明快，舞蹈性強，誇張性大，風趣詼諧逗人一笑，具有濃厚的生活氣息與浪漫色彩的高甲戲。

高甲戲雖從早期的武戲蛻變爲丑戲，但仍具有生、旦、淨、末、丑等角色，最特別的是它的丑角分類多而細，楊波撰〈高甲戲的丑角表演藝術〉謂：「有男丑、女丑、武丑；男丑又分有長衫丑、短衫丑，長衫丑又有：官袍丑、傀儡丑、公子丑、手杖丑，短衫丑有：破衫丑、掌中木偶丑、家丁丑、衙役丑。女丑有媒婆丑、夫人丑、花婆丑、嫺婢丑。只有扮演的角色，用丑來表演，就給予『丑』的名稱。」這麼多的丑角中，最具特色的莫過於傀儡丑、布袋戲丑與女丑，傀儡丑主要是吸收懸絲傀儡的表演方式，舉手投足都仿傀儡演出的情形，最明顯

●高甲戲中的女丑，最善於把風騷女子的內心情感完整呈現出來。

地便是做任何動作，都用關節帶動，頭部總是歪一邊，這種動作出現在戲偶身上是相當自然的，但由眞人演出，則顯得趣味盎然；布袋戲丑則是仿布袋戲的表演方式，演出特色也跟傀儡丑相仿，以布袋戲的表演形式，強調頭、肩、手與足部的動作演出，動作性相當強，尤其是利用機械動作來表現人物的內心世界時，更是妙趣橫生，令人捧腹不已。女丑無論在性格上與造型上都有別於其他劇種中的女性丑角，高甲戲中的女丑，面頰上有兩個紅圓暈，眉毛彎短，嘴大唇薄，髮髻上插著一朵花，紅大衣、黑寬褲，脚套雙龍船鞋，造型已夠滑稽，上了場，不是歪嘴斜目，就是扭腰擺臀，女性扮演的女丑，最善於把風騷女子的內心情感完完整整地呈現出來，男演員反串的女丑，大都強調潑辣女子不肯吃虧，且三八兮兮的性格。

結合許多各式各樣丑角，同時更爲這些角色新編了各種新劇，如以布袋戲丑爲主角的《送水飯》，以傀儡丑擔綱的《王海送信》，專爲女丑而編的《騎驢探親》，表現富家公子丑醜態的《求親》……等等，無不把高甲戲的特色發揮至極點，也難怪一直到今天，無論是城市或鄉村，只要有高甲戲演出，台下總有水洩不通的觀衆。

潮劇又稱爲潮州戲、潮音戲、潮調戲，除了潮州外，也曾流傳到閩南、粵東及台灣等地，這種以唱潮州調而名的戲，本源自泉州的南音，流傳到潮州後，於明中葉形成完整的演出型式，因此有人認爲潮劇乃南音的地方化。

博取南音、弋陽、昆曲、皮黃及梆子戲等優點，溶合許多地方色彩的潮州戲，擁有許多特色：

一、重視地方語言的表達，善用俚語及歇後語，演出顯得生動活潑。

二、唱腔兼有南管的溫婉柔美，又具潮州地方的生動氣息，頗具韻味。

三、丑戲多而豐富，丑角的分工也相當豐富，共有項衫丑、官袍丑……等十類，每一類型都有專攻的演員，演出頗爲精彩可觀。

上述的特色再加上演員們精確的唱工，柔美的身段以及專注的精神，使得這個劇種南到海豐、陸豐一帶，北至福建省的詔安、東山、雲

●薌劇則是由台灣歌仔戲再傳回的劇種。

霄等地都普遍受到群衆的喜愛。

在閩南頗受歡迎的薌劇，則是由台灣歌仔戲再傳回的劇種：

明末清初，民族英雄鄭成功一六六一年東渡收復台灣，閩南籍士兵把閩南民間曲藝「錦歌」和舞蹈「車鼓弄」帶到台灣，和當地民間小調集合起來，發展成爲歌仔戲。一九二八年，台灣歌仔戲班「三樂軒」回龍海白礁村祭祖，歌仔戲在閩南地區逐漸流行起來，抗日期間發展成薌劇，曲牌主要有雜碎調、七字調、哭調等。

——中國城市、地區叢書《漳州》

薌劇在中國發展的時間短，文革時期同樣也遭受被批鬥的命運，按理發展的情形應遜於台灣許多，但實際情況卻恰恰相反，現今的漳、廈一帶都擁有市立的職業劇團，民間自營的業餘劇團，數量也相當多且演出蓬勃，他們一直都廣受觀衆喜愛的主因，顯然是在劇本的新編、舞台型式的改良以及演員的精心培養等方面下了足夠的功夫。這些改良中，最具體且功效最大的，首推他們把場次的觀念放置在野台戲中，如此一來，對劇情的緊湊有了立竿見影之效，同時也因每個場次分明，觀衆可以很清楚地掌握劇情進度。此外，以幻燈片取代傳統的布幕，野台旁設有字幕，以及加入大提琴等西洋樂器，搭配傳統樂器的演出……等等，都是成效不錯，又兼顧及傳統演出形式與藝術價值的改革。

薌劇的原始曲藝錦歌，至今仍流行在漳州九龍江一帶，這種閩南民間的傳統音樂，演唱的形式簡單，只要有一把胡琴或月琴，便可隨時彈唱起來，因此至今仍是薌城一帶，逢年過節或農閒期間，鄉人村民或圍場坐唱，或者沿街走唱的消遣娛樂，這種現象，倒跟台灣宜蘭地區，至今仍保有「落地掃」型態的公園彈唱頗爲相仿。

除了上述與台灣有較直接而密切關係的劇種外，閩南戲曲的種類還有相當多，像莆仙戲、越劇、客家戲、採茶戲、崑曲……等等，都同樣在全毀之後再重新出發。在中共當局「百花齊放，推陳出新」的「指導方針」下，各地方都把傳統文物當作文化的樣板，上述的諸多戲曲，就在這種種緣由下，有了較大的發展空間，才能日益蓬勃發展，不只成爲人們重要的娛樂，更維繫著傳統的藝術成就於不墜。

●台灣宜蘭地區，至今仍保有「落地掃」型態的公園彈唱。

伍／兩岸戲曲的現況比較

一九四九年以後的台海兩岸，由於當政者的不同，無論在政治環境、社會制度、經濟條件以及自由民主的程度上都有極大的不同，誰也不能否認，台灣雖有二二八的大刼，但與中國的文革浩刼相較，受傷的程度顯得較輕，此外其他的各種條件也贏過中國許多，卻也因台灣的經濟過於繁榮，進步的脚步太快，許多傳統藝術根本沒時間調整脚步與態度，便被新興、富於感官刺激的娛樂打得無力招架，遂使得這些具有傳統藝術價値的東西提早凋零；在中國，文化大革命的浩刼雖已把傳統文化推入無可挽回的深淵中，但浩刼之後，官方與人民的共同努力下，儘管這些努力泰半是爲了政治目的而做的，卻能落實到鄉土上，以每個地方最具特色的東西做爲推展的根本；此外，更因中國的經濟落後，人民的娛樂匱乏……這種種因素，終使地方戲曲有了復甦的契機，並在最短的時間內，發展成保有相當多傳統色彩，又符合當代人需求的戲曲。

台海兩地的戲曲，會有如此明顯的差距，除上述的社會環境使然，兩岸從培育人才到演出每個環結，給予戲曲不同的待遇，更是導致優劣的重要關鍵，値得逐一比對：

一、在培育人才方面：一九四九年以後的台灣，雖曾先後出現過復興、明駝、陸光、海光、大鵬、華岡、國光等戲劇學校，另在國立藝專、文化大學與藝術學院等大專院校設有戲劇科系，但這些學校所教授的都僅京劇一項，這種國共內戰之後才隨著官方大量移植到台灣的劇種，一直只能在軍中生存，根本無法在民間立足；而在民間普受歡迎的亂彈戲、布袋戲以及歌仔戲等，反無任何專門培訓的學校，僅由各劇團自己尋覓人才，一邊演一邊培養，八〇年代中期後，由於京劇學科招生過剩，畢業後的演員缺乏出路，許多轉投至歌仔戲班充當武行；近來雖有某些民間劇團開班授徒，但受限於出路，成效不佳。

在中國，幾乎每個省份，都有公立的藝術學校，以福建藝術學校爲例，設在福州的校本部，除了有一般性的藝術科系外，另設有京劇、越

●台灣的地方戲，一直處於自生自滅的狀態。

劇、閩劇、漢劇、話劇等科系，此外在每個市、地區或縣治，都有分班，漳州市的分班設有布袋戲、薌劇與潮劇等科，泉州市的分班則招收高甲、梨園、傀儡等戲的學生，厦門市分班則設歌舞、薌劇、南音等科，莆田市的分班則招收莆仙戲的學生，南平分班招收南詞的學生，閩西分班則以漢劇爲主，這些正規教育訓練出來的學生，都能依照自己的個性與專長，安排至當地的劇團，分別從事演出、音樂、編劇、舞台設計、美術設計以及燈光設計等工作，如果有人不適用，第二年又有新的人員遞補，如此堅強的訓練環境，不僅沒有人才缺乏之慮，更因爲劇團的成員都受過相當於高中以上的教育，劇團的形象與氣質大幅提昇，對傳統戲曲的發展有著極大的助益。

就在閩、粵的藝人以「一個工人都要有初中程度，藝人怎能沒有高中程度」而自豪時，台灣的地方戲曲藝人，卻仍是些「無聲無勢去學戲」的失學、失業青年，長此下去，台灣的戲必定無法與中國的地方戲曲分庭相抗！

二、在演出狀況方面：台灣的戲曲演出，至

●在中國，幾乎每個省份，都有培養地方戲劇人材之所。

今仍依靠迎神賽會或者民間的喜慶盛典，這本是傳統戲曲最原始的存活方式，由於請戲的人有最大的決定權，劇團間的競爭自然激烈，舊社會時期，劇團間的「拼戲」也就因此而來，這種以藝互競的方式，其實是戲曲進步最大的原動力；而今「拼戲」的情形依舊存在，卻由過去的良性比賽轉爲惡性競爭，以歌舞團和歌仔戲對拼，歌仔戲爲圖生存，自然也只有朝低俗化看齊了。

閩、粵的戲曲，近年雖開始蓬勃起來，由於當地娛樂匱乏，且地幅廣闊，每地公立劇團與業餘團體的數量根本不敷所需，如此自然沒有拼戲的情形，更因需要量大，劇團幾乎每天都有戲演，生存自然容易多了。

共產制度下的地方戲曲，早已純粹爲娛樂的需要而演，近幾年來，政策稍稍開放，少數地方會爲了神明壽誕而演戲，但與酬神的意義仍較遙遠；因此，現今閩、粵的野台戲，正戲前並不演扮仙戲，有些較年輕的演員，甚至根本不知道什麼叫扮仙戲。而在台灣，任何大戲前都要先扮仙，甚至連放野台電影，也有一段扮

●閩粵的藝人大都受過高中以上的教育。

仙戲的影片，這種有趣的差異，大概最能反映自由社會形式主義與共產制度事事種因求果的不同之處吧！

三、在演出酬勞方面：台灣的野台戲演出，都是下午一場及晚上一場合稱爲「一棚」，一般的大戲劇團，演出「一棚戲」的報酬約在一萬五千元至兩萬元新台幣左右，傳統偶戲則稍少些，金光布袋戲的價格則在三千至六千元左右，這些錢扣除給經紀人的報酬、稅金以及劇團必要的開支，每個演員一天大概能拿到六百至八百元酬勞，一個月最多以三十個演出天計，酬勞最多不會超過一萬伍千元新台幣，許多藝人往往就靠著這樣的收入養活一家人。

演員的待遇少，劇團團主的收入當然也好不到那裡去，因此除非戲服或道具已完全不堪使用，否則根本沒有機會改善、換新，破破舊舊上戲台，遂成了近年台灣野台戲既定的形象。

中國野台戲的演出酬勞，以福建省爲例，大戲與偶戲演出的價錢不同，公立劇團與業餘劇團的價格也不同，一般說來，公立的大戲，演出一場（現今的閩南地方戲，一天僅晚上演出一場）約可獲得兩百至兩百五十元的人民幣（潮

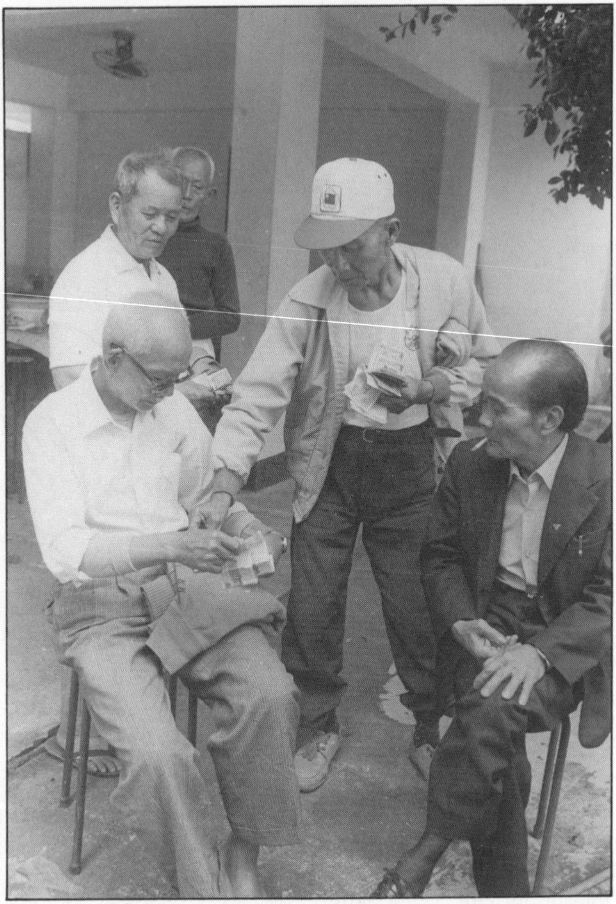

●台灣藝人的演出酬勞，大都僅夠糊口而已。

戲最高可達三百元人民幣），業餘劇團則僅有一百六十至一百八十元人民幣左右，公立的偶戲團演出的價格約有一百五十元，業餘偶戲團則僅有一百元至一百二十元左右。公立的劇團團員的薪水雖少，但都領有固定的薪水，演出的收入完全歸劇團所有，這些收入僅僅佔全部開支的三分之一而已，其餘三分之二都由中共撥款支持，在此情形下，劇團不只可擁有六、

●黃奕缺是閩南傀儡戲大師，不僅能演，更自我摸索出精湛的雕刻功夫。

●林勃仲夫婦訪問黃奕缺，與黃奕缺及他精刻的戲偶們合影。

●中國的傀儡戲偶，早期以「西來意號」所雕刻的最爲著名。（協和藝文基金會／提供）

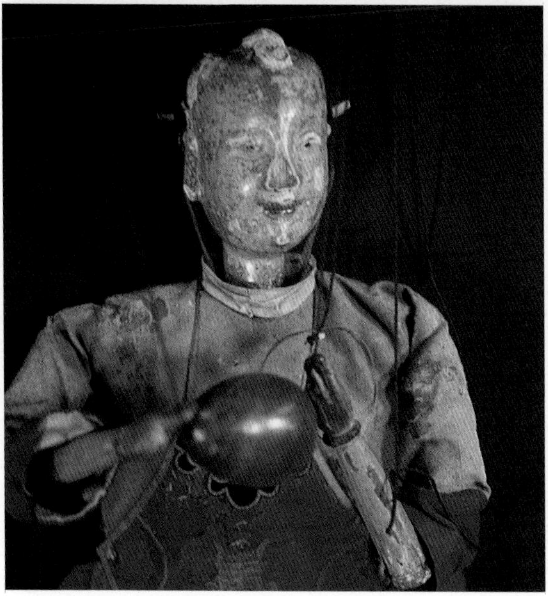

▲傀儡戲偶的豐富造型，乃受早期閩南石雕藝術發達的影響。（協和藝文基金會／提供）

●造型生動活潑的花童戲偶。（協和藝文基金會／提供）

●布袋戲偶可謂是最擬人化的木雕藝術品。（協和藝文基金會／提供）

●生和旦是布袋戲最重要的角色，任何一齣戲中都少不了它們。（協和藝文基金會／提供）

●江加走所刻的花園派戲偶，被視爲木雕藝術的極品。（協和藝文基金會／提供）

●笑生爲滑稽人物，戲中常被視爲甘草。（協和藝文基金會／提供）

●布袋戲中的七丑，可謂是社會上各類小人物的總集。（協和藝文基金會／提供）

●林勃仲與花園派傳人合影，前排爲江朝鉉夫婦及其孫，後排左一爲其子江碧峰，右一爲其徒黃義羅。

七十名以上的團員，任何道具、行頭與戲服，每隔一段時間都會汰舊換新。

業餘的劇團，由於團員們白天都有固定的工作與收入，晚上的演出則屬多出來的收入，因此一個業餘劇團養上二、三十位團員，每位團員每個月都還能有數十元甚至近百元的收入，對改善生活自有莫大的幫助，劇團也有較良好的經濟條件，隨時可以更新或補充劇團的設備。

四、在觀眾迴響方面：觀眾其實是任何表演事業興盛或滅絕最重要的影響因素之一；在台灣，由於現代娛樂的過度發達，野台戲又因前述種種因素的影響，一直不能振作，觀眾自然日益減少，一場野台戲演出，台下稀稀疏疏數十人甚至十數人，竟成司空見慣的現象，如果是金光布袋戲的演出，台下甚至空無一人也不足為奇！

閩、粵的戲曲，都是應娛樂的需要而生，即使業餘劇團在小村落的演出，台下至少也有數百位觀眾，若是公立劇團的戲，台下擠滿數千人甚至近萬人，更是常有的事；這些觀眾在缺

●閩粵地區娛樂缺乏，觀眾風雨無阻撐傘看戲的情形也常發生。

乏其他娛樂的情況下，對精彩演出的野台戲，不僅隨時報以最熱烈的掌聲，風雨無阻地撐著雨傘看戲的情形也經常發生。

當然，上述的比較，鑑於政治環境與社會制度的不同，並不能因而論斷誰優誰劣、誰是誰非，而我們也絕無意爲上述種種差異下論斷。但保護傳統文化，發展地方色彩的戲曲藝術，當是海峽兩地政府與人民都應該努力的目標，要達到上述的目標，顯然有太多的問題需要解決與改善。

至於如何改善，就需要我們共同來思考了！

——原載一九八九年八月・九月・十月《藝術家》雜誌

〔附註〕本文有關閩南地方劇團演出的收入，是一九八八年九月在泉、漳等地採訪所得，一九八九年三月再赴潮州時，當地業餘皮影班的收入已達四百至五百元人民幣，至於「廈門台灣藝術研究室」提供一兩千元的收入，是一九九〇年二月的資料，這其中的誤差，不曉得是因爲前後三年間中國人民幣的貶値，還是剛好我們採訪到的都是「廉價劇團」？

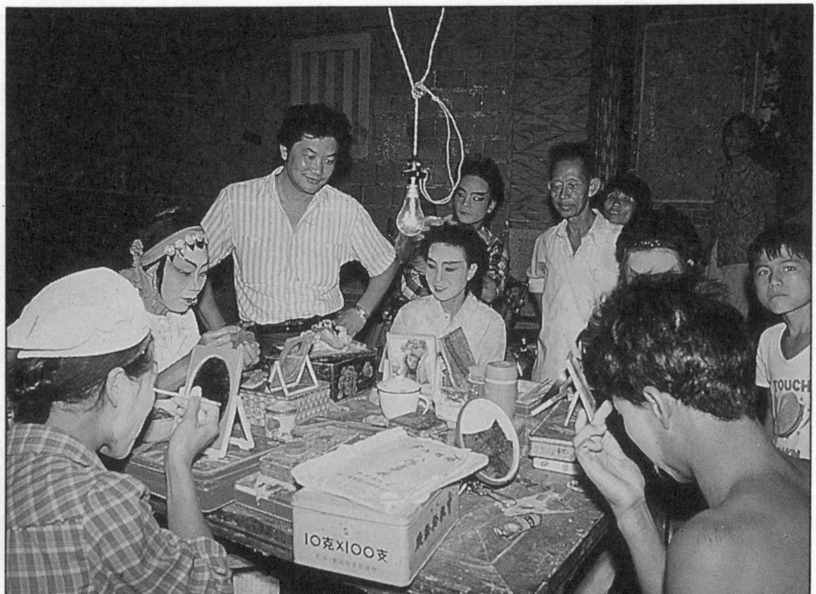

●林勃仲在閩南地區做田野調查，在後台訪問藝人。

●一場野台戲演出，台下稀稀疏疏，竟成司空見慣的現象。

變遷之後的餘波

一九八八年九月與一九八九年三月，我們兩度到中國的閩南地區做過一些閩南戲曲的田野調查，回來之後撰寫了「貌似音仿神不同」這篇文章，發表於一九八九年八月、九月和十月號的《藝術家》雜誌，剛好這時候，廈門台灣藝術研究室擬舉辦〈閩台地方戲曲研討會〉，邀請我們兩人參加，並要求我們提交論文，我們乃決定將這篇文章提交大會發表，沒想到過了兩個月之後，廈門方面的回音卻以我們報導有些錯誤爲理由，要求刪除討論中國的部份，僅餘批評台灣的地方。這麼一來，不僅使得這篇文章失去完整性，而且對台灣也不公平，因此我們堅決要求全文發表。

又過了一個月，廈門的回音是論文不准發表，但仍邀請我們參加，當時我們已經計劃好

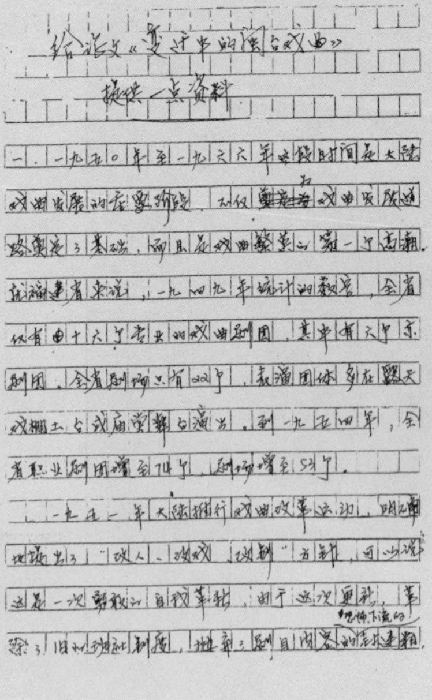

给论文《变迁中的闽台戏曲》
提供一点资料

一、一九五〇年至一九六六年这段时间是大陆戏曲发展的重要阶段，不仅为戏曲发展道路奠定了基础，而且是戏曲繁荣的第一个高潮。就福建省来说，一九四九年统计的数字，全省仅有由十六个专业的戏曲剧团，其中有六个京剧团，全省剧场只有22个，表演团体多在露天戏棚上与戏庙堂静台演出。到一九五四年，全省职业剧团增至74个，剧场增至53个。

二、一九五一年大陆推行戏曲改革运动，明确地提出了"改人、改戏、改制"方针，可以说这是一次彻底的自我革新，由于这次更新，革除了旧的封建剧度，抛弃了剧目内容的糟粕下流的落后迷信，

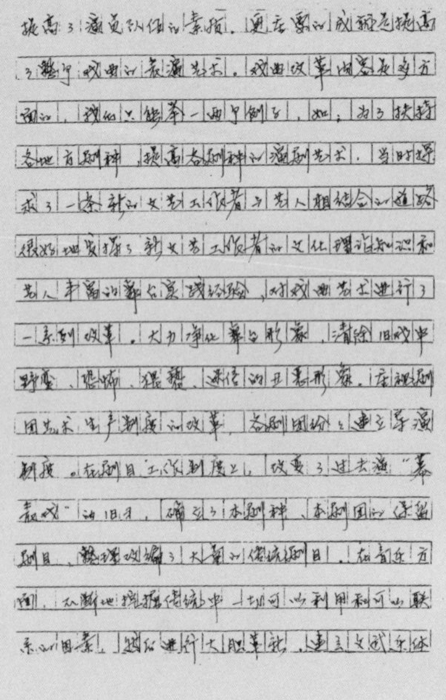

提高了演员队伍的素质。更重要的成就是提高了整个戏曲的表演艺术。戏曲改革内容是多方面的，我仅能举一两个例子，如：为了扶植各地方剧种，提高各剧种的演剧艺术，当时采取了一条新的文艺工作者与艺人相结合的道路，很好地发挥了新文艺工作者的文化理论知识和艺人丰富的舞台实践经验，对戏曲艺术进行了一系列改革，大力净化舞台形象，清除旧戏中野蛮、恐怖、猥亵、迷信的丑恶形象。在戏剧团体生产制度的改革，各剧团纷纷建立导演制度。在剧目工作制度上，改变了过去演"幕表戏"的旧习，确立了本剧种、本剧团的保留剧目，整理改编了大量的传统剧目。在创作方面，不断地挖掘传统中一切可以利用和可以联系的因素，敢于进行大胆革新，建立文武乐队

●廈門台灣藝術研究所提供的〈資料〉影本。

赴中國的行程，機票、旅舍皆已訂好，毫無更改的餘地（中國的機票和旅舍訂好之後，都不能退票），於是仍按原訂行程參加一九九〇年元宵前後在廈門鼓浪嶼音樂廳舉行的〈閩台地方戲曲研究會〉。

會中，廈門台灣藝術研究室的同仁再三向我們表示歉意，我們仍據理力爭，甚至要求他們寫一篇文章批評我們文章中不妥當的地方，如此兩篇一起發表，正可給大家做個比對，是非對錯也可以藉著這個機會讓與會學者專家共同來討論。沒想到他們立刻就拿出一篇〈資料〉，說要給我們參考，但論文仍不能發表。

對於這樣的結果，我們很不滿意，也不能接受，卻也只能把他們交給我們的〈資料〉收於文後，至少可以給大家一些比對的參考。

給論文〈變遷中的閩台戲曲〉提供一點資料

／廈門台灣藝術研究室

一、一九五〇年至一九六六年這段時間是大陸戲曲發展的重要階段，不僅爲戲曲發展道路奠定了基礎，而且是戲曲繁榮的第一個高潮。就福建省來說，一九四九年統計的數字，全省已有十六個專業的戲曲劇團，其中有六個京劇團。全省劇場只有二十二個，表演團體多在露天戲棚土台或廟堂舞台演出。到一九五四年，全省職業劇團增至七十四個，劇場增至五十三個。

一九五一年大陸推行戲曲改革運動，明確地提出了「改人、改戲、改制」方針，可以說這是一次勇敢的自我革新，由於這次更新，革除了舊的班社制度，拋棄了劇目內容的恐怖、下流的封建類，提高了演員隊伍的素質。更重要的成就是提高了整個戲曲的表演藝術。戲曲改革內容是多方面的，我們只能舉一兩個例子，如：為了扶持各地方劇種，提高各劇種的演劇藝術，當時探求了一條新的文藝工作者與藝人相結合的道路，很好地發探了新文藝工作者的文化理論知識和藝人豐富的舞台實踐經驗，對戲曲藝術進行了一系列改革。大力淨化舞台形象，清除舊戲中野蠻、恐怖、猥褻、迷信的醜惡形象。重視劇團藝術生產制度的改革，各劇團紛紛建立導演制度。在劇目工作制度上，改變了過去演「幕表戲」的舊歸，確立了本劇種、本劇團的保留劇目，整理改編了大量的傳統劇目。在音樂方面，不斷地挖掘傳統中一切可以利用和可以聯繫的因素，然後進行大膽革新，

●文革後，閩南劇團著重制度的改革，各劇團紛紛建立導演制度。

建立文武樂體系，樂隊趨向定型。在繼承保留傳統的同時，對新戲的製作進行大膽嘗試，各劇種湧現一批優秀的劇目。全國省、市舉辦的戲曲會演，便可以看出戲曲改革的成果。

各劇種得於繁榮發展，其中一條是在全國各地設立戲曲藝術教育機構，培養戲曲藝術接班人。以五〇年代起，福建設立了三種組織形式的教育機構：一是在職藝員短期輪訓的戲曲研究班；一爲專業戲曲劇團附設的藝術訓練班（通常稱「團帶班」）；一是正規的戲曲學校。一九六一年統計資料，全省擁有藝術專科學校一所、中等藝術學校十五所，三十八個戲曲劇團附設學員班（團帶班），學生數共達三千二百七十九人，教職工五百三十六人。學校貫徹理論與實際相結合，課堂教學與藝術實踐相結合的辦學方針，改變舊科班口傳身授的方式，按照比較正規的教學要求，編寫定型教材，業務課程系列化、正規化。新一代藝人與舊藝人的區別在於，不僅有專業知識，而且有文化知識，審美視野比前輩人開闊。

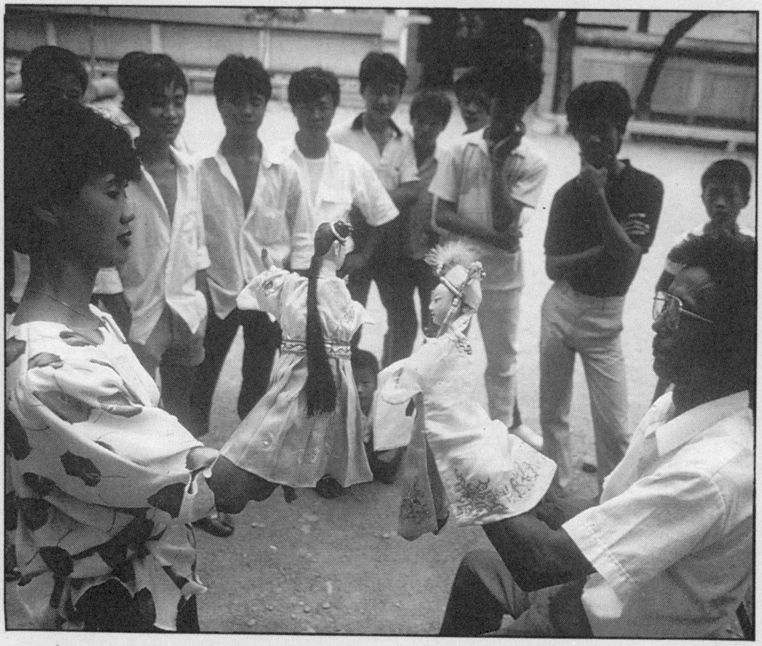

●文革後，中國各地紛設戲曲藝術教育機構，培養戲曲藝術接班人。

●閩南地區許多單位對各劇種的資料文獻亦做了大量發掘、收集、記錄工作。

一九五五年至一九六一年，挖掘、挽救整理劇目累計達一萬七千多個。一九六〇年編印的《福建戲曲傳統劇目清單》，總匯十八個劇種，一萬零一百七十一個劇本名稱目錄，同時還編印《福建戲曲傳統劇目索引》，匯集三萬二千多個劇目。音樂方面，各劇種音樂曲牌亦做了大量發掘、收集、記錄工作，莆仙戲、閩劇、梨園、薌劇（歌仔戲）、高甲五個劇種的統計共計曲譜二千二百四十首。

劇目建設上提倡「傳統、現代、歷史三並舉」，促進了福建戲曲的繁榮。我們傾注了最大心血，成績最明顯的是舞台上表導演藝術、音樂設計、舞台燈光設計等二度製作。二度創作各門類藝術的互相配合，推動了表演形式的不斷更新，呈現給觀衆的是內容與形式完美統一的作品。（各劇種、各劇團的發展情況不同，就不詳談）

文革前的十七年是戲曲繁榮的時期，六〇年代初戲曲藝術水平達到一個高峰，各劇種的發展趨向完善。這個時期能夠令藝術工作者感到

●閩南的戲曲，在鄉村演出仍受到廣大的歡迎。

自豪的是，在繼承保留傳統的基礎上，進行大膽的革新，成績是顯著的。

二、文化大革命十年間，福建戲曲遭到嚴重摧殘。一九六六年—一九六八年，城市到處出現大規模的武鬥，生產生活秩序大混亂，劇團基本上被迫停演。一九六九年劇團全部被解散，各地成立「毛澤東文藝宣傳隊」，有的宣傳隊還保留了一些戲曲演員，學習樣板戲（以演京劇樣板戲爲主）。到了一九七二年，有的宣傳隊開始演唱地方戲的樣板戲或現代戲，只許一招一式、一腔一板照著樣板戲硬搬，抹煞了各劇種的風格特色。

福建藝術學校一九七〇年停辦，一九七四年復辦，一九七五年福州、廈門、龍溪等地也開設分班，培養閩劇、薌劇等劇種人才。

三、梨園劇種早在一九四九年前，由於高甲戲、打城戲的先後興起，古老的梨園戲受到極大的衝擊，日趨式微。後來經濟蕭條、戲班逐漸星散，有的改唱高甲或歌仔戲，劇種瀕於消失。一九四九年後，政府爲了挽救此劇種，把流散民間的「下南」、「上路」、「七子班」的名老藝人召集起來，於一九五二年在晉江縣成立大梨園實驗劇團，翌年改屬省級建制，定名為福建省閩戲實驗劇團（後改稱：福建省梨園戲實驗劇團），大力挽救紀錄了梨園戲三流派傳統劇目、音樂唱腔、表演藝術等，先恢復傳統原貌，再進行整理加工，使古老劇種煥發青春。一九五四年《陳三五娘》在華東地區戲曲觀摩會演中，獲劇本、演員一等獎。一九五五年進京演出了《桃花搭渡》、《朱文太平錢》等劇目。一九五八年開始創作、改編演出現代劇目六十多個。以後又陸續創作、整理了一些優秀劇目。

四、一九七七年，各地相繼恢復了戲曲團體，一九七八年恢復演出古裝戲，戲曲復甦中走向第二個高峰，這是戲曲的黃金時代，一直持續到一九八三年。從一九八三年起各劇種或多或少地出現城市觀衆減少的危機。不過，戲曲在農村還是相當受歡迎的，如閩南一帶的專業團體，邀請的村社很多，有的劇團一年有三百多天的演出檔期都排得滿滿的，如同安縣薌劇團、廈門高甲劇團，下農村演出一般一個晚上演一齣半（四個小時）的戲，一個晚上是一千二百元至二千元人民幣，東山潮劇團甚至有一晚五千元的收入，收入相當可觀。業餘劇團價錢不等，一般也有七、八百元人民幣。

五、文革時各劇種幾乎是同時復甦興旺，相對地說，傀儡戲倒是稍遜一些。

六、近來閩南農村野台戲，有許多亦都為酬神而演出，大戲之前的「跳加官」等扮仙戲亦有常見。

七、歌仔戲學校總計只辦了三屆。

變音改影現新貌

——廣東潮州的戲曲與文化發展概況

許多年前，我曾在台北參加過一場有關「潮州文化」的演講會，那時候好像正是對中國政策欲開還拒的節骨眼上，除了極少數「有辦法」的人之外，其他兩千多萬的台灣人，只能在想像中神遊中國；那場演講自然是爆滿的，演講者邊解說邊放幻燈片，從建築、刺繡、石雕、茶藝到戲劇……每一項類都令人目不暇接、驚讚不已，原本只是一筆一劃硬梆梆印在教科書上的「中國五千年文化」，似乎就在那刻間突然鮮活地出現在眼前，令許多人莫名的感動之餘，總懷著無限的嚮往與夢，卻又由於陌生與不可親近，對於那些和台灣似乎息息相關的傳統文化，總留有許多疑問與困惑。

我的疑問是那幾張偶戲的幻燈片，演講者解釋說是杖頭傀儡，台灣卻從來沒見過這種偶戲，卻有皮影戲源自潮州，這兩劇種是否有所牽連？其他許多曾經傳到台灣的地方戲，現今的狀況又如何？……卻一直沒有人能夠給我完整的答案。

也許，這也是許多人的疑問呢！無論是當局政治宣傳中所謂「血濃於水」的根源說或者先民生活的情感依歸，閩南和粵東一直與台灣有著相當密切的關係，從兩、三百年前唐山過台灣的故事，到近百年來的政治劇變，舊時的民間文化與傳統戲劇是否依舊保存著舊貌？

■千里迢迢看戲去

經過十二個小時的折騰，那班從廣州出發的「長途豪華錄相大巴（士）」終於在清晨抵達了汕頭，我在終點站下了車，很快地就找到了轉往潮州的九人座小巴士，一路上依舊有上下不停的旅客，花了將近兩個鐘頭才到潮州，卻還不到八點，我提著巨大的行李箱，站在那全然陌生的街頭，卻非常有把握地叫了部三輪車，告訴車夫說：「到文化局！」

「這麼早，還沒人上班呢！」壯年車夫好心地應著。

「我知道，到那裏再等一會吧！」

「回來探親啊！你們台灣眞好哦！」

「嗯！」我隨口應著，其實卻完全不是這回事。

這是我第三次到中國來，潮州卻是初旅，且全無親可探，純粹只爲了解開杖頭傀儡的疑惑而來的。過去的經驗告訴我，幾乎每個「僑鄉」的文化局，都設有「對台辦事處」或「台胞服務中心」，這些單位，絕對可以解決我的所有問題。

時間是早了些，應門的是一位工友，當他知道我是「台灣來的」，也一樣展開「熱烈」的笑容，忙著通知相關的人員，約莫半個鐘頭後，文化局的局長、副局長、僑務辦公室的副主任、台胞接待中心幹事……都到了，大夥點頭認識過後，馬上就泡起茶來。

我當然不是來喝茶的，但想到潮州的「功夫茶」已經成了潮州文化的一環，自然得見識一番，可能是因爲我不懂得茶，喝遍了鳳凰四大名茶，仍無法理解「功夫茶」何以成爲潮州文化的表徵？

幸好茶不是我的課題。我的困難和疑問在喝茶間都解決了，往後的四天，他們只翻翻行事曆，也不需要特別安排，便決定了我所有看戲的行程。

十點左右，他們先幫我安排好旅館，然後搭乘着文化局的小客車，開始這一趟的潮州戲劇

●韓江畔的潮州跟台灣文化也有密切的關係。

●村中田埕上整齊排列的近百枝碗口般大的香。

之旅。

我們的目的地是潮陽，距離潮州約有一百公里，沿途的路況尚可，但文化局的這部交通車，卻是從香港進口的，駕駛座設在右邊，這種靠左行駛的汽車，到了中國竟也跟其他所有的汽車一樣行駛右道，我不知道這該算是一國兩制還是兩國一制，或者說是中國人能屈能伸的極度表現，卻讓我十足開了眼界。

過了流沙縣，路邊竟也出現一些迎神隊伍，偌大的行伍間，大部份人舉的是紅紅綠綠的旗子，遠遠望去極爲壯觀，待靠了近，才發覺只不過只是些絲製的方旗罷了，頗爲粗俗而簡陋，比起台灣迎神隊伍中的繡旗隊，顯然是要遜色多了，然而，數大便是美，這正是中國文化一直佔優勢的地方啊！

抵達潮陽後，另一個「數大便是美」的例子是村中田埕上整齊排列的近百枝碗口般大的香，原來今天正逢迎珍珠娘娘之期，空曠的田埕上不僅矗立了一座神壇，更裝飾以各種紙塑的花鳥人物，神壇對面也搭起了一座巨大的戲台，兩側各有一高台，那是公安人員的瞭望台以及播放字幕的地方。

那時候才不過午後三點，文革以後野台戲都取消了日場；戲台前除了往來追逐嬉戲的孩子外，早擠滿了各式各樣的板凳，沈默地等待著夜戲上演。

負責接待我們的潮州潮劇團團長，相當熱心地解釋了許多疑問，卻也和我一樣弄不懂珍珠娘娘是什麼神，得不到答案之餘，團長帶著我們到附近繞了一圈，這個潮陽縣轄的一個小村，在這個晚上就有六棚野台戲演出，除了田埕上的潮州潮劇團外，其他的劇團分別來自饒平、詔安、雲霄及附近的揭西、揭陽等地。

這個現象至少說明兩個問題：一是潮州的經濟與政治地位，雖已被汕頭取代，但潮州的地方文化仍主導著潮汕地區；二因潮汕古爲著名的「僑鄉」，許多先民移民至南洋或其他地區，事業有成後，都樂於回饋鄉土，這些野台戲大都是由那些華僑出資聘請演出的，因此經常會出現一個地方同時有多棚戲演出的情形，而這些野台戲，正是中國人民最主要的娛樂。

■台粵兩地的潮州調

我們的晚餐是和潮州潮劇團的團員們共進的，夜戲自然要從潮州戲開始看起。

在台灣，潮州戲雖然不是重要的劇種，卻形成一特殊的支派，對四平戲、布袋戲與皮影戲都有相當大的影響。

又稱爲潮劇、潮調或白字仔戲的潮州戲，源起之說据傳「潮州地方因爲唐朝潮州刺史（韓愈）治理有方，秉其文章道德，開拓民風，普及文化，建立了優良的政治經濟和社教基礎，音樂一項，也因爲受了他的薰陶而收到了移風易俗的效果，此後代代相傳，彙爲今之潮州戲。」（呂訴上《台灣電影戲劇史》），此一劇種，最早出現在台灣的文獻中，首推清乾隆時朱景英撰《海東札記》：「……又有潮班，音調排場，亦自殊異。」，可惜由於語焉不詳，無法確知此潮班往後發展的情形，直到民國以後，呂訴上才塡補上了它在近代的活動概況：「約在五十年前（民國初年），台灣就有潮州渡來的『榮天彩』劇團在台南市公演《白兎記》、《青草記》、《紅綾襖》

等劇，演畢即回大陸。中斷至十餘年後，又有『老玉梨香』劇團來台南。又五年後，淡水藥材行主洪烏靖，收買潮州『源正榮』班改爲『源正興』在台演出至抗戰時期。光復後的唯一潮州戲是『勝樂劇團』。」

潮州大戲之外，它同時對台灣的四平戲、布袋戲與皮影戲有極大的影響。先說四平戲，這個劇種雖是清初由弋陽腔轉變而成的四平腔，但台灣的卻源自潮州，連雅堂修《台灣通史》謂：「……四平，來自潮州，語多粵調，降於亂彈一等。」，也正因爲唱詞與道白都爲粵調，在台灣的閩南人社會中，一直無法立足，後來逐漸轉到客家地區發展，因而被某些人誤認爲是台灣客家地區發展出來的劇種。清代末葉，融合採茶戲曲韻與歌仔戲自由表演形式的客家大戲興起，道白與唱詞都較不易懂的四平戲，逐漸在客家地區消聲匿跡，至今，甚至已經找不到一個完整的四平班了。

在布袋戲方面，則有一支潮調系統的劇團來到台灣，而發展成台灣布袋戲的三大派之一。這支屬高調腔、節奏明快、絃音幽雅、詼諧有

●潮州戲對台灣的地方戲會直接造成影響。

趣的潮調布袋戲，來台的源由與發展概況，據沈平山撰《布袋戲》載：「源自於福建省漳州府詔安縣西坑鄉三都港頭村，清乾隆年間，鍾五（兄弟五人）攜帶協典掌中班來到彰化縣溪州鄉水尾庄定居，傳到第四代……逐漸擴展到南投、竹山、斗六、西螺、莿桐、斗南等地。……流傳至今，全省（台灣）以『興閣』派標榜潮調布袋戲，約佔全台百分之六一・二五，爲本省（台灣）最大派系。」

我們看到了潮州戲在台灣一消一長的情形，它在原鄉的發展情形又如何呢？

潮州戲因在潮州地區發生且以潮州方言演唱而得名，此一劇種所涵覆的地區除潮州市外，還包括汕頭市、澄海、南澳、饒平、潮陽、揭陽、流沙、惠來、揭西以及福建省的詔安、雲霄、東山、平和……等地區，在這些地區中，流行過的大戲共有外江戲與潮州戲兩種。

潮州的外江戲，又稱漢劇，乃是指「以廣東省的粵東、粵北爲主要活動地區的戲曲劇種。」；「它與福建漢劇相同，以西皮、二黃（又稱南路、北路）爲主要聲腔。」至於此一劇種

●台灣的四平戲，發源自潮州地區。

●潮州戲應在明中葉之前便形成完整劇種。

的特色，「包括多種聲腔的劇種，其音樂遺產十分豐富，旋律優美動聽，樸實淳厚，高昂悲壯，悠揚雅緻……」（陳俊麟主編《潮州市戲劇志》）和台灣的四平戲頗爲接近，此外，另有許多資料也說明了潮州的外江戲很可能就是留傳到台灣的四平戲，卻都因缺乏直接的證據而無法肯定，而這兩劇同樣的也都走上了式微沒落的命運，如今，也已經找不到一個專門的職業劇團了。

■改革路上的潮劇

潮州漢劇沒落之後，潮州戲自然成了至今仍活躍在潮州大地的大戲了。

根據潮州相關的文獻記載，明中葉之前便形成完整劇種，大量吸收當地藝術與民間音樂的潮州戲，到了清代，更是它不斷普及、發展的鼎盛時期，辛亥革命以後，歷經了軍閥割據與日軍佔領，使得潮州劇受到極大的傷害，中共取得政權之初，「六個原有的職業戲班在粵東區行署文教處的領導下，廢除童伶制與班主制，燒毀賣身契，建立工管會，並先後在潮州成立潮劇改革促進會、劇團聯合辦事處、文藝工會等機構，領導各班開展民主改革和戲曲改革。」（陳俊麟主編《潮州市戲劇志》），這些所謂的民主改革與戲曲改革，成果自然是「創造了前所未有的全盛時期」，只可惜這個全盛的果實，到了文化大革命「極左路線的支配下，我市戲劇活動遭受極大的破壞……」

文革時期，對地方戲的破壞，除了許多老藝人被打成牛鬼蛇神或走資派外，更在「八億人民八個戲」的限制下，「樣板戲」成了各劇團唯一能演出的戲碼，這些充滿政治需求的樣板戲，「因受到『三突出』的創作原則所支配，因此也失去其生命力，某些劇目甚至是爲當時的錯誤路線服務而產生不良的影響。」（陳俊麟主編《潮州市戲劇志》）。

如今活躍在潮州地區，甚至經常應邀赴南洋演出的潮州戲班，則是打倒四人幫「撥亂反正」之後，積極「培養戲劇新生力量以充實演出陣容，恢復優秀古裝戲的演出、改編、創作反映現實鬥爭的現代戲」，這階段的改革，並不僅限於戲劇和劇團本身，而是從成立專門培訓人才的文藝班或戲劇學員培訓班開始，這些培訓班從一九六〇年開始，招收了將近兩百位的學員，除了培訓各科的基本功夫與藝術知識外，各施以專業的訓練，讓每個志趣不同的學生，可以分別從事編劇、服裝、音樂、美術設計以至於劇場指導等各種工作，使得古老的潮州戲，散發出新的生命。

現今的潮州戲班，每團大約都有四、五十人，包括了演員、編導人員、舞台效果、美術設計、音效以及後場樂師等，演出的地點雖然大都爲露天野台，但現場的布景也改採幻燈片投影式，隨時可配合劇情的不同，更換爲家庭或野外叢林，此外，戲台邊還設有一個字幕屏，利用幻燈片打出字幕，讓觀衆隨時參考，以免因聽不懂而失去了興趣。

新的編劇人材參與地方戲，更讓原始的戲劇表演形態產生了截然不同的改變，其中最明顯的莫過於無論是傳統戲碼或者新編的劇目，都有明顯的場次，服裝與頭冠也都重新設計而顯得整齊畫一，演出時有非常好的視覺效果，也難怪在缺乏娛樂的中國，每一棚戲台下，總吸

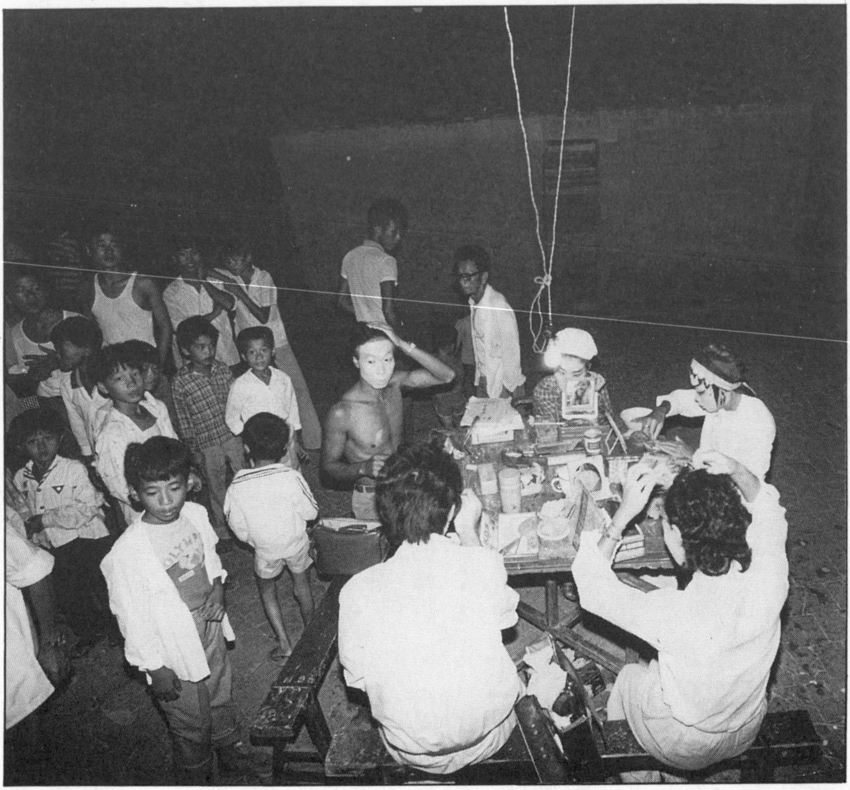

●潮州戲的演員們，在後台化粧，吸引許多人圍觀。

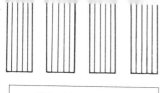

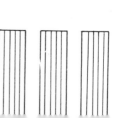

廣告回信
台灣北區郵政管理局登記證
北台字第3123號

台北市中山區一〇四二八松江路85巷5號

臺原出版社 收

市縣

鄉鎮區

路街

段 弄

巷 號

在本土文化的領域中攜手並進

讀者姓名 ________________ □男 □女

通 訊 處 ________________

電話 ________________ 出生年月日 ___年___月___日

所購書名 ________________ 職業 ________

請寄回此卡，您將定期收到本社書訊，以及各項特別優待。

《臺原，就是專業的台灣風土出版社》

- 買書的動機 □作者名氣 □書名內容引人 □親友推介
- 對本書的評價 □極佳 □好 □還不錯 □普通
- 對本書的印刷 □極佳 □好 □還不錯 □普通
- 對本書的價格 □太貴 □貴 □適中 □便宜
- 您經由何種方式得知本書出版？
  □廣告 □偶然發現 □書訊 □人員推銷 □親友介紹
- 您如何購得本書□郵購 □書店 □商店 □人員推銷
- 您希望本社出版那一類的書籍，或者某位作者的作品？________________
- 您對本社的評語與建議：________________
- 請推薦親友名單，讓我們寄書訊給他：
  1. 姓名 ________ 地址 ________________
  2. 姓名 ________ 地址 ________________
  3. 姓名 ________ 地址 ________________
  4. 姓名 ________ 地址 ________________
  5. 姓名 ________ 地址 ________________
- 謝謝您對本社的支持，我們將以更熱誠的態度，爲您出版好書。
- 請您將本書的缺點告訴我們，優點告訴您的親友。

●丑角在潮州劇中，扮演重要的角色。

引數百甚至成千的觀衆，擠成烏鴉鴉的一片人海。

傳統的潮州戲，吸收了南戲、弋陽、昆曲、皮黃與梆子戲的特點而成，自然俱有文詞典雅、樂曲幽揚、做工細緻等優點，加上它完全的地方化，唱白和唸白都能頗生動地反映出地方色彩，都是此一劇種盛行不輟的主要因素，此外，生和旦角的輕歌曼舞，特別強調身段與水袖的運用以及丑角分工多，表演豐富也是吸引觀衆的重點，潮州戲的丑角共分：項衫丑、官袍丑、踢鞋丑、女丑、武丑、裘頭丑、袿衣丑、長衫丑、老丑和小丑等十類，「十類丑皆遵循蹲、縮、小的原則，某些表演模仿動物，某些動作則模擬皮影、木偶。狀動物，取其靈巧，摹影戲，用其機械。唱腔用豆沙喉的『痰火聲』和低八度的『雙拗實』，用小調，行反腔，或悲調喜用，比較特別。」（陳俊麟主編《潮州市戲劇志》）。

我站在廣大群衆的戲台下，委實被他們那整齊的動作、精妙的做工以至於起伏有致的分場感動了。就如同過去的每一次一樣，我在一個從未到過的地方，欣賞著似曾見過卻完全陌生的戲劇上演著，身旁的觀衆總是那麼入戲的隨著劇情或喜或悲，那樣的情感與氣氛，甚至足以令人感動而一哭呢！

這就是中國文化吧？那麼浩大而淵博……然而，戲過了三幕後，心裏卻有一種懷疑隱隱升起，那是來自似曾相識的懷疑吧？最早，我到泉州看高甲戲和梨園戲，也有這似曾相識的感受，心裏想的卻只是如何將它和台灣破落式微的相同劇種相連在一起，而這一次……

戲演過半後，陪我一同來的專員要我到附近去看看饒平潮劇團的演出，潮州市潮劇團屬於市級的公家單位，也是潮州市唯一的職業劇團，饒平劇團只是縣級單位，且屬業餘性質，演出的「水平」顯然是有差別的，然而，我才站在饒平團的戲台下，卻強烈感到他們的服裝、道具、化粧、臉譜以及至唱工與做工，竟是那般的相似，再想想那似曾相似的感覺，除了唱腔與表演形式外，跟過去我在福建看過的梨園、高甲、薌劇總有許多的類同之處。

這便是我的疑慮與不安了，近代中國的戲劇

●日益「京劇化」的結果，使得不同的地方戲外貌幾乎完全一致。

改革，讓許多的劇種競相學習其他「高級劇種」的優點，結果不約而同的模仿京劇，使得多數劇種逐漸失去地方色彩，而有日益嚴重的「京劇化」趨勢，如此發展下去，對於中國戲劇而言，必然是要得不償失的。

■破窗而出的皮影

我在潮州的戲劇之旅，另一個重點是偶戲。台灣的偶戲中，和潮劇有關的包括布袋與皮影兩種，現今的潮州，卻完全不見布袋戲，只餘活躍在鄉下農村，在迎神賽會與喜慶婚喪場合演出的皮影戲。

一般人對於皮影戲的印象，不外乎以獸皮雕成，借燈取影以演出的模式，有關它傳入台灣的情形，分成兩派說：一是太平天國時，由海陸豐、潮汕一帶傳到福建的詔安、漳浦而到台灣；二係清中葉間，由許陀、馬達、黃索等三人由潮州一帶傳到台灣南部。無論上述的那一種說法較正確，若以現今的狀況印證之，可以清楚地發現，台灣的皮影戲僅活躍於高、屏兩縣，且都演唱潮調，而在中國除了屬於潮劇勢

●台灣的皮影戲來自潮州。

力範圍的詔安、雲霄，東山、平和外，閩南地區並無影戲的存在，因此，台灣的皮影戲來自於潮州自是無庸置疑的。

連看兩天的潮州戲之後，正是潮州市迎拜土地神之期，文化局的專員依舊熱心地帶領著我去看戲，出發前，他卻故做神秘地說：

「今天我們去看皮影，我們這裏都叫紙影，跟你想像的不大一樣哦！」

「怎麼不一樣？」

他卻不回答，帶我轉入布梳街的廖厝巷，走進一間窄小的民宅，跟主人打過招呼後，拿起一尊長約四十五公分，背後及雙手各穿有一鐵線的木偶，告訴我這就是皮影！

「這怎麼可能？這不是杖頭傀儡嗎？」我回憶起幾年前台北那場演講中的燈片影像，怎樣也無法將這種如傀儡戲偶般，圓體硬身的戲偶和「以牛皮雕形，用彩色裝飾」的皮影戲連想在一起。

「沒錯啦！本來我們的皮影戲也和你們的一樣，清朝末年的時候才漸漸地改成現在這個樣子。」主人原來是製作「紙影」的民間藝師，

●來自揭陽縣北洋官田埔村的紙影班「三香正順班」。

很熱心地爲我解釋說明，接着我們還談了一些製作的技巧及流變種種的問題，心頭仍有一團迷霧，老藝師乾脆帶我到劇團的演出現場實際了解。

●破窗而出的潮州紙影戲。

我們在潮州市彎彎曲曲的巷道中繞了好一陣子，終於潮州醫院附近的小廟前，找到三香正順班，這個來自揭陽縣北洋官田埔村的紙影班，是一個典型的農村業餘戲班，全班共有十一人，平時都以務農維生，遇有人請戲時，才出來「爲人民服務」，更重要的當然是賺點外快。

這個業餘戲班，前場共有四位演師，正手就由班主許岳炎擔任，其他還有中手、副手及第二副手，後場樂師則分鼓手、深波（蘇鑼）手、曲鑼手、鐃鈸（小鑼）手、柳胡手、吊規仔手、揚琴手等人，他們演出時的定位約莫是：

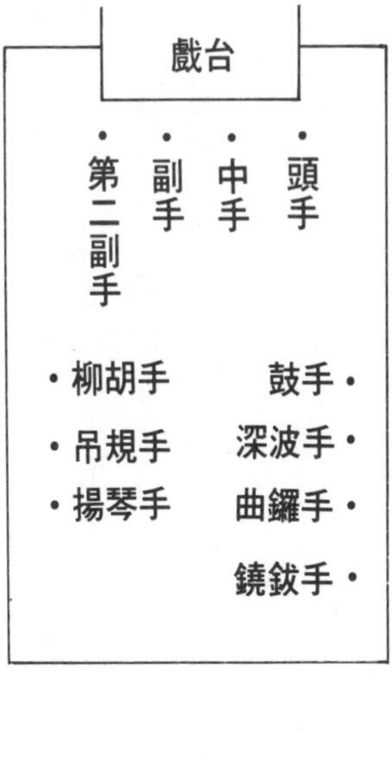

「我的祖父那時代，皮影是用牛皮製成的，後來他們覺得那樣太不夠立體，也缺少變化，才慢慢慢慢地改成圓身的戲偶。」班主解說過他們的配置定位後，也說明了從皮影到鐵線木偶的演變過程：「那時候好像是清朝末年，演師們為了要讓皮影戲更豐富些，於是把原來的紙窗改為透明的玻璃窗，從來又覺得平面的皮偶不好看，於是改用稻草紮成圓型，穿上衣服，塑上頭臉的戲偶，背後則仍和皮偶一般，安裝上硬鐵線用以操縱，演出時仍在玻璃窗後，不多久後，藝人們覺得那片玻璃一點用也沒有，於是乾脆拿掉玻璃，讓皮影戲破窗而出……」

這是多麼奇妙的變革啊！從此以後的潮州皮影雖以原來的皮影形式演出，卻兼具了傀儡戲的優點，演出時更為生動而富變化。此外，劇團編制小，演出費用便宜，一場大約只要四百五十元到五百元人民幣左右，也難怪，從城市到鄉村，每有迎神賽會，幾乎都有紙影戲上演。

潮州的紙影戲既然都在迎神賽會的場合演出，因此，至今仍保有扮仙戲的演出；中共取得大陸政權後，對於民間的迎神賽會大都斥為「荒謬、邪惡的迷信」，傳統的扮仙戲在文化大革命時幾被「橫掃」殆盡，皮影戲卻因一直「保持著為農村傳統節日、喜慶婚喪服務的活動方式」，傳統的扮仙戲自然是不能捨棄的一部份。

由於演出需要的不同，潮州皮影戲也需演出日戲，不過大都僅演扮仙戲而已，現今較常扮演的扮仙戲包括：《五福連》、《八仙慶壽》、《跳加官》、《仙姬送子》、《京城會》以及《淨棚》等，每次約挑一兩齣扮仙後，便靜待夜戲上場了。

■傳統與富裕的兩難

在中國，演戲最原始的目的是為了酬神，其次才是提供人民娛樂，而今，酬神的意義由於政治的因素日漸淡了，娛樂的功能反成了最重要的目的！

從論是潮陽、潮州、饒平，還是在漳浦、漳州、龍海、角美、廈門、泉州、晉江、惠安……每一個我看過戲的地方，總是有好幾棚戲同村演出，台下的觀眾，甚至不管刮風、下雨，他們裏著風衣，撐著傘，雙眼總是盯著戲台不肯移開。

曾經，我再三爲台上賣力的演出與台下擠滿的觀衆深深感動過，然而，當我更深一層想及這樣熱絡的戲與戲迷，全因赤貧的農村才能擁有時，卻令我十足的徬徨與驚駭！

我全然不能解釋，傳統的沒落只是因爲社會的富裕嗎？或者眞正健康富裕的社會中，也一樣能擁有豐富多彩的文化之美？

——原載一九九〇年六月廿九～三十日自立早報副刊

●赤貧的農村才能擁有熱絡的戲與戲迷，令人徬徨與驚駭！

夢想的中國，迷失的文化

——試析兩岸日益熱絡的「文化交流」活動

也不知道是血緣，還是命運的牽連，這三、四百年來，台灣與中國一直都有著交纏複雜的關係，隨著歷史的運轉，彼此間的關係更有許多不同的變化，但無論是分是合、是割是統，恐怕沒有任何時代比晚近四十年來的關係更複雜、無奈而曖昧的了！

甲午戰爭之後，淸廷毫不留戀的將台灣割讓予日，使得台灣和中國的關係，成了互有往來的兩個國家，無論是台僑到大陸，或者華僑到台灣來，大都維持著兩國間正常的手續與管道，直到太平洋戰爭爆發後，彼此的關係昇高爲敵對狀況，終至停止了民間的往來……一九四五年，日本屈服在原子彈的陰影下，台灣才重回祖國的懷抱，只是，沒有人會想到這次的「重回懷抱」，雖讓淡水港的船可以直接開到廈門島，卻必須要讓更多來自上海的逃難船擠入小小的基隆港，接著是一九四九年的「大轉進」，開啓了往後四十年的完全阻隔。

台灣海峽的水，雖然在每個不同的時代，阻隔了不同的親情，卻從來不曾像這一次包含了那麼多的仇視、敵對、怨恨、無奈與不甘心，而這一切，也完完整整地反映在現實政治的衝突與利益上，於是乎，國民黨一方面教育民衆要「打倒萬惡共匪」，卻也同時要人們確認「中國地大物博，河山錦繡」；一方面強調我們才是中華民族唯一的正統，卻又四處宣揚中國才是我們的根……如此複雜而矛盾的情結，已經使得許台灣人對於中國，產生了無限迷惘，加上兩地的往來全然斷絕，使得更多的人對中國一直懷著無盡美好的夢與無比的好奇，也因此，當兩岸的緊張關係稍稍紓解時，便有人急急地搭起橋樑，然後，一波接一波的台灣老兵、商人、記者、教授、政客進出中國，而中國人更是熱情無比的接待著台胞，給予台胞最最優惠的待遇，而他們雖然各懷著發財的夢，或者政治的企圖，卻誰都不願意嚴肅面對眞正的問題，於是乎，「兩岸人民的親密情感」或者「水乳交融的文化交流」，成了兩岸媒體競相報導的熱門新聞，而且這股風氣還正在熱烈地擴散之中呢！

正因爲兩岸長久的隔阻以及政治體制的不同，彼此由於陌生而產生了許多幻想與夢想，中國人的心中，想的最多的恐怕只有台灣的多

●台灣海峽的關係四百年來總是分分合合的。

●台灣人對於中國的感情，顯然是多重而複雜的。

金與繁榮吧！而台灣人呢？除了希望能夠利用中國廉價的人力不怕被污染的土地外，便是「泱泱文化古國」了；台灣的當政者，又在避免台獨的心結下，有意無意地鼓勵台灣人回歸尋根，於是乎，中國的古文化，彷彿便成了台灣文化唯一值得學習、仿效的對象。

這是個事實，或者只是個迷夢呢？許多人都可以解答，更多的人卻都不願正面相對。

■彷彿走進神話的國度

台灣人對於中國的情感，顯然是多重而複雜的，它包含了傳承、血脈、景仰、神話、想像與傳說……等等交雜的情緒，尤其是一九四九年後的台海關係完全斷絕，政治操控下的傳播媒體仍不忘時時大肆宣揚「中國有五千年悠久的文化……」，同時又對本土文化刻意地壓抑，不僅讓每一位隨著國民黨來台的各省籍人士對「祖國」念念不忘，更讓許多在國民黨教育底下成長的台灣子弟，對中國也懷有一份莫名的想望與憧憬，然而，無論是懷念或者想望，在八〇年代中葉前，最多只是人們心目中的秘密

罷了，根本沒有人敢想像這輩子能踏上「祖國河山」，少數較有辦法的人，從「香港」帶回來了幾件古董或者線裝書，必然成爲搶手貨，總是有人甘冒「私藏匪貨」的危險，收藏這些「寶貝」，遇有至親好友，才肯神秘兮兮地拿出來炫耀一番。

八〇年代中葉以後，海峽兩岸的緊張關係有了轉機，隨著社會的開放，台灣對於「共匪」的恐懼逐漸減低，開放探親的呼聲漸起，隔沒兩年，「探親輪」竟然眞的開動了，只是，在這班名爲「探親」的巨輪中，搭乘的除了思鄉的老兵外，還包括了賺錢至上的古董商人以及一心挖新聞的媒體工作者；近代的中國雖曾遭逢紅衛兵的浩劫，但幾千年累積下的文化資產，絕非紅衛兵能破壞殆盡的，於是，古董商人帶回來的各式民間藝品，都成了台灣罕見的珍寶，媒體工作者鏡頭下的長城，或者筆下的瑤族婚禮，都是台灣人無法想像的奇風異俗……

如此一波接一波的中國熱潮，也許並沒有讓台灣人眞正認識多少中國，卻引發了更多的好奇心與嚮往，於是乎，古城泉州仍繫著多少台灣人心中的夢，漳州的片仔癀彷佛是無病不救的仙丹妙藥，武夷山的茶葉成了台灣人喝茶的時尚，至於江加走的布袋戲偶，泉漳的南音、傀儡戲，或者是潮州的皮影戲，更成了台灣的學者專家、藝人匠師千里朝聖的目標，而每一次的風吹草動，總讓兩岸的報紙大幅報導，如此因果循環，台灣的中國文化熱，自然更熾烈而無法遏止了。

面對著如此的中國文化熱，顯然任何人都不能只以「盲目」兩字來解釋一切，畢竟大陸仍存有許多的台灣文化所不能及的地方；我們試以多數台灣人的原鄉——泉州爲例，這個被中共列爲國家一級保護的古城，不僅有傲視中外的開元寺、東西塔等古蹟，甚至隨便搬出一段巷弄，都比台灣被視爲文物聖地的鹿港或任何地方精采許多；在台灣，常被視爲一級國寶的「唐山運來的青石板」，在泉州或者惠安，竟是當地人用來圍雞鴨的柵欄……台灣人突然面對如此鉅大的文物差異，加上莫名的念舊與尋根情懷，自然很容易地便由稍含有自卑與不安的心態中，轉爲全然的折服與推崇。

●中國有太多傳統文物，令台灣項背莫及。

閩南的地方戲曲，正也由於這樣的因素，成了台灣記者筆下或者藝人心目中出神入化、無可評論的傑出民間藝術。

這樣的認定，顯然是不客觀且不公平的；然而，台灣的文化、戲劇工作者，長期面對著島上粗糙、庸俗的文化當道，政府甚至刻意壓抑民間文化，社會一心追求錢與權……的現實環境中，雖再三疾呼文化重建的問題，卻絲毫得不到有關單位一點丁重視的困頓與無力感中，突然到了一個夜夜南音酬唱，四時戲曲不輟的地方，心裏的悸動當然要超越一切，再經接觸後，發覺那裏有專門的學校培訓地方戲曲的人

●許多人對於中國，一直懷有一份不能解釋的夢想。

●傳說中的泉州元宵夜無限迷人，親自目睹才知是這番景象。

▶潮州潮劇團演出時，吸引無數的觀眾，這種景象在台灣早已不可見了。

▲潮劇是潮汕地區僅存的大戲，卻也無可避免地被京劇「同化」。

●閩南地區仍保有許多舊式的傳統行業，顯然跟社會進步的遲緩有關。

●閩粵地區迎神賽會中的化粧表演隊，其性質頗似台灣的「陣頭」。

才，劇團的經費還由官方補助……這種種天壤之別的差異，除了令人欽羨或者自卑之外，彷彿也只能拚命地鼓紅手掌心呢？

我們誰都沒有辦法否認中國地方戲曲的蓬勃發展，但在比較兩岸戲曲文化的現況時，卻絕對不能忽視中國戲曲蓬勃發展的背後，隱藏了些什麼因素？

社會落後下保留的文化遺產

中共取得大陸政權之後，初期對於地方戲曲並沒有太大的干涉，到一九五一年，才開始推行戲曲的改革運動，提出「改人、改戲與改制」三方針，重點放在更新劇目，拋棄「恐怖、下流的封建戲」，更改戲班組織制度，脫離過去團主制的雇傭關係，改採分工細密的經理制度以及改良唱工、做工和音樂……等等。

姑且不論中共對傳統抱持什麼樣的態度，大體而言，這階段的改革乃是針對舊式戲班傳統的積弊而來的，不僅改良了演出的效果，也改進了傳統戲班缺乏效率、管理不善的積習，正面的成效顯然大於負面的影響，可惜如此改革的成果，到了一九六六年，「由於『文革』，劇團處於癱瘓狀態，一批藝人被批鬥、審查，許多傳統的東西遭到批判。令人痛心的是在『破四舊』中，長期積累下來的劇本、書籍、曲譜、唱片、錄音等藝術資料，以及傳統戲的服裝、布景、道具大都被銷毀。」（曾學文〈廈門歌仔戲四十年來的發展情況〉）。

這個中國近代史上最大的文化浩劫，一直持續到一九七六年，這段期間雖然還是有戲劇演出，卻也只能演出樣板戲，「一句台詞、一個動作、一個台位、一個節奏都照搬硬套」（同前引），對傳統文化與戲劇的傷害實莫此為甚；因而文革之後，各單位在熱烈檢討之餘，也開始積極地「為文革期間受迫害的戲劇工作者平反、昭雪；開辦文藝培訓班，培養戲劇新生力量以充實演出陣容，恢復優秀古裝戲的演出、改編、創作反映現實鬥爭的現代戲……」（陳俊麟主編《潮州市戲劇志》），此外，地方戲劇的學校也復學了，地方文化也恢復了一定的地位……這種種補救措施同時在許多地方熱烈地展開著，雖然我們無法了解中共當局推動這一連串重建文化活動的目的，是眞正對文化的重視，或者只是懷著對文革惡意破壞的補償心理，重要的是這些正是促使中國傳統文化「再興盛」的重要因素。

除了政策的主導功能，中國的貧窮與落後、交通不便、民衆缺乏娛樂，也都是民間戲曲蓬勃發展的直接促因；然而値得注意的是，在同樣的影響因素下，卻由於每個地方對外關係的不同，造成的結果也有天壤之別；在我們所做的田野調查中，西安和蘭州雖爲中國皮影戲的重要根據地，人民的生活卻貧困且缺乏娛樂，平常的戲劇演出也極爲稀少。而在沿海的漳州、泉州或者潮汕地區，卻幾乎每天都可以找得到野台戲，有些地方甚至同時還有兩三種劇演出，這麼大的差異，最主要的因素有二：一是閩南和粵東爲中國最重要的「僑鄉」，許多僑胞到南洋或其他地方奮鬥有成後，常會有回饋家鄉之舉，請戲演出正是其中最普遍的方式，再者，這些地方對外交通方便，較常有機會與外界接觸，人民賺錢的管道較多，經濟條件比起內陸好得太多了，地方爲了某種需要請戲

●沿海的漳州、泉州或者潮汕地區，幾乎每天都可以找到野台戲。

演出的比例自然要高出許多，反觀西安或者蘭州，不僅缺乏外援，交通也不方便，加上土地貧瘠，大部份的人一生只能爲糊口而忙，當然談不上任何條件可以支持戲劇演出。

影響戲劇演出頻繁與否的第二個原因，則是政治的考量，閩南及粵東地區由於對外關係密切，不僅常有許多華僑回來，更多僑居地的華人希望能夠接觸到家鄉的文化。中國的文化建設素來落後，能代表文化的，除了傳統的戲曲之外，彷彿就再也找不到其他東西了，中共當局鑑於「僑情」的需要，更積極地改良、重建地方戲曲，並加入許多新式的戲劇手法與表演藝術，八〇年代起，漸成爲南洋地區僑界最受歡迎的演出，取代了台灣歌仔戲原有的地位。八〇年代末期，台灣又開放赴中國「探親」，中國古老的劇種，自是寬慰台灣人尋根夢最有效的一帖良藥了。

也許有人會辯駁說：不能光用「尋根夢」這樣的理由抹殺大陸戲曲的優點，這些年來，大陸積極從事各種改革，無論在唱工、做工、布景以及編劇……等等各方面，都邁向精緻化且

●中共當局鑑於「僑情」需要，積極改良、重建地方戲曲。

●整齊畫一的「質量提昇」，使得多數劇種失去了地方色彩與傳統特色。

整體化。

許多台灣的學者專家，給閩南戲曲相當高的評價，最主要的理由便緣於此。我們當然不能否定改良過的閩南戲曲，不僅有了更精美的服裝，也因專業編劇人才的參與，傳統的劇目有了清楚的場次之別，觀衆更容易欣賞，同時更編有許多新的戲碼，內容上可以擺脫舊式教忠教孝之外便是哭哭啼啼的窠臼，音樂方面也由於有了新的編曲，又加入西方的樂器，使得後場音樂豐富許多，只是在這些優點的背後，也由於改革帶來了相對的弊病，這些弊病中，最明顯的莫過於各劇種在改良的風潮下，一心想擷取其他劇種的優點，而他們心目中最優良的劇種大都是屬於「中央級」的京劇，結果大家都仿著京劇臉譜繪臉，學著京劇服飾穿衣，甚至連布景、音樂都相當嚴重的「京劇化」，如此整齊畫一的「質量提昇」，使得多數劇種都失去了地方色彩與傳統特色，是利是弊，實很難定論？

■被商品化的傳統藝術

誰都不能否認，「二二八事件」以後的台灣政局，在當政者杯弓蛇影的心結下，爲了打壓台灣意識，利用學校以及社會等等管道，醜化台灣本土信仰、壓抑台灣地方文化，尤其是五、六〇年代的「白色恐怖」時期，一般人甚至不敢提出「台灣」兩字，本土文化與戲劇所受到的迫害更是深刻，七〇年代以後，經濟開始主導台灣的社會發展，傳統的藝術與文化生存的空間更爲狹窄，晚近十年來，傳統節俗的變質，地方戲曲幾乎僅在每年一、兩次的「民間劇場」或「文藝季」中才可見到，士農百姓則在每一個熱鬧的廟會節慶中，擠在人群中，瞪著脫衣女郎光溜溜的身體，大聲喊著「爽！爽！」……

難道我們的人民再也無法接受傳統優美典雅的民俗曲藝，只能欣賞官感刺激的庸俗表演嗎？其實不然，問題的癥結完全在於政治幽靈作怪，使得台灣人長期缺乏傳統藝術糧食，才開始胡亂吸收那些刺激而誘人的東西。

是的，長期缺乏傳統藝術滋潤，長期對文化充滿無力感的台灣人，第一次「回」到泉州，接觸到的竟是工人文化宮前百源池畔夜夜不輟的「共一輪明月，唱百代鄉音」，而那些奏唱南音的人，只要遠遠地見到「台胞」走來，便熱誠地獻坐奉茶，氣氛熱烈無比，這一切怎不令台灣人來不及思考高掛著紅布條上「熱烈歡迎台灣、港澳同胞……」背後隱含的政治目的，便莫名地感動異常了。

這恐怕也是長久以來的兩岸分分合合的關係中，最複雜而微妙的一次了。這四十年來的分離，讓台灣富裕卻缺乏精緻的文化，浩劫後的中國，一無所有中卻保存了不少傳統文化，這有與無之間，彼此除了互相炫耀外，更一心一意地追求對方的所有，尤其是中國豐富的文物，更是擅於營利的台灣人不會錯過。

事實上，在所有的學者專家來到中國之前，台灣的古董商人便在這裏佈下了線，請當地人收集任何一件可能有價值的文物。閩、粵正是布袋戲與傀儡戲的重要基地，西來意的傀儡戲偶與江加走的布袋戲頭正是那些商人拚命收購的東西，正巧當時的台灣，開始刮起一陣傳統布袋戲風，早已作古的江加走再次復活在許多人的心中，漸漸地，原本與江加走的「花園派」

●浩劫後的中國，一無所有，卻保存了不少傳統文化。

齊名的「塗門派」作品失去了原有的光彩，彷佛除了「加走頭」之外，其他都不能稱爲戲偶似的，九○年代始，江加走風愈刮愈厲害，有些持有江加走作品的人，不僅千里迢迢地送回泉州請江加走的獨子江朝鉉「鑑定」，竟還要求在那一個個完美的戲偶頭刻上「江加走作品，江朝鉉鑑定」之類的字句。

姑不論這樣的「鑑定」是否必定準確無誤，但台灣人對中國的文物，不是懷著好奇的心情，便是盲目的回歸，甚至到了把藝術品當作商品的心態，怎不令我們感到慚愧而令人哀嘆呢？

內容空洞的繁華盛景

除了上述種種複雜或者功利的理由外，許多人對中國傳統藝術有較高的評價，或者確認中共較重視傳統文化的理由之一，是各地都可見到的民間藝術博物館，最早我們初訪廣州的廣東博物館，委實感動莫名，至少博物館建築物本身的五落大厝，便是台灣大部份古蹟項背莫及的；而我們相信不少人對中共這方面經營給了相當高的評價，像天津戲劇博物館，便曾多次大篇幅地出現在台灣的報紙上，顯然也是被那古老而完整地建築吸引住了；然而，當我們走訪過更多的地方之後，才確認地大物博的中國，在歷史的累積下，到處都可以找到這樣的建築，又怎能把這些古色古香的老建築視爲中共經營的成果呢？

嚴格說來，中國各地的博物館，除了北京的故宮外，其餘多數都應「正名」爲史蹟陳列館，原因是這些博物館收藏的東西大都是一些說明性的史料，而缺乏精緻的文物，頗負盛名的天津戲劇博物館，除原屬廣東會館的戲台之外，其餘大都爲剪報、戲單、手扎之類的資料，其

●天津戲劇博物館，充其量是資料陳列館罷了。

他如上海博物館、鄭成功紀念館、廈門博物館、泉州博物館、潮州博物館、廈門華僑博物館……幾乎都是資料勝過一切，這點說明了中共目前只是努力做好史蹟整理工作，對文物的保存仍是不夠的！

也有些人羨慕中國大至中央，小至地方都有市立或者縣立的博物館，彷彿數量多得很，但如果以人口或地方的比例來計算，約數十萬人才有一座，數量上應算是相當稀少的，台灣人走馬看花，大都僅在重要的城市落脚，因而產生了數量多的錯覺！

同樣的理由，另一個令許多人因誤解而產生錯覺的是中國歲時節慶的「盛況」。長久以來，在台灣媒體追本溯源或者緬懷故國的情懷下，逢年過節，必有相當大的篇幅報導中國的節俗，兩岸的信息互通後，許多媒體紛紛派出記者採訪。於是乎，陝北年俗、東北冰燈、泉州元宵……等等都成了古意盎然、多采多姿、萬人空巷……的盛典，事實上眞的如此嗎？

懷著百聞不如一見的心情，我們特別選擇在泉州度過一九九〇年的元宵，資料中「祖國的

●一九九〇年的泉州花燈「盛景」（前立者爲林勃仲伉儷）。

元宵佳節，的確熱鬧非凡，到處瀰漫著節日喜悅氣氛。當夕陽西下，黃昏時分，大街小巷，甚至鄉村，都亮起五光十色的花燈，輝煌耀眼，可比火樹銀花之盛……」（陳天才〈故鄉元宵夜〉），但我們從金泉賓館走到打錫巷，再轉入中山中路，除了整條街都是來來往往的人們外，只在外文書店附近看到兩三個販賣燈籠的小販，再往前過了鐘樓，終於可以看到威遠樓上掛著的花燈，卻在樓外擠了約莫過一個鐘頭，才買到門票，進入樓中繞了一圈，發覺除了威遠樓正面樓上樓下的兩排花燈外，再也找不到其他的花燈，細觀花燈，工藝雖仍精良，此外，並沒有太大的特色，這樣的花燈能吸引缺乏娛樂的中國人，也許還說得過去，但爲什麼在台灣媒體中的泉州燈節，也是「連續數夜，萬人空巷，人們徜徉於燈海中，對著千姿百態，爭奇鬥艷的燈群，目不暇接，美不勝收」（劉淑瑛《聯合報》一九八八年三月三日）呢？當然也許因開元寺整修的關係，移至威遠樓展出的花燈盛景比不上往年，但無論如何也不應該有這麼大的差距啊！

這個問題不僅令人玩味，許多台灣媒體以及報導者的心態，更反映出長期制式「大中國」教育下，某些不能解開的心結。

■可卑的心態，可笑的心情

一九八九年起，泉州成立了「泉州天后宮修繕基金董事會」，負責重修天后宮，原本佔住天后宮的電工學校也在當局的協調下分三個階段搬出這座「泉州市一級文物保護單位」，這些其實一點都不稀奇，八〇年代中期以降，中國各地常可見到類似的情形。稀奇的是天后宮中佈置了許多圖表以及台灣各媽祖廟致贈的匾額，那些圖表以及廟中解說人員所有的談話，都在說明一件事，那就是：泉州是唐宋以降，唯一對外通航的古城，著名的海上絲路也是從泉州啓始，鄭和下南洋當然也從泉州出海，而自古的湄州都屬泉州管轄，因此泉州媽祖比湄州媽祖還重要，要進香應該到泉州……

也許有些台灣人要笑了：泉州媽祖怎可能比得上湄州媽……

這眞是一個可笑的問題？只是，除了該笑泉州天后宮的不自量力外，更應該笑的是：爲什麼台灣人的心目中，只有湄州媽祖？

三百年前，渡海來台的先民請來的媽祖除了來自湄州的湄州媽外，還有來自同安的銀同媽以及來自泉州的溫靈媽，後來卻由於北港天后宮香火鼎盛，萬人朝拜，湄州媽逐漸成爲台灣媽祖唯一的「正統」。一九八七年，大甲媽祖爲了不願「屈就」在北港媽祖之下，率先到湄州島請回了「開基媽祖」以後，似乎只要到湄州進過香的媽祖廟，便成了台灣的「開基廟」，彷佛不到湄州去請回一尊媽祖，便將失去信徒……

是的，這便是台灣人可卑而又可笑的心態了，爲了利益或者名譽，可以全然不考慮任何的問題，以中國爲聖爲師，然後再捧著「中國」的招牌，回到台灣極力鼓吹「文化交流」……

難道台灣人眞的卑微到需要這樣的「文化交流」了嗎？

——原載一九九〇年三月十三～十六日自立早報副刊

3／巧匠傳絕技

不輟的泉州南音

福建省泉州是中國南管樂曲的發祥地，台灣的南管，乃是兩、三百年前隨著移民傳入的。此後，兩地由於政治環境的不同，都曾先後遭受鉅大的政治壓力，瀕臨毀絕的命運。在台灣是日本人的皇民化運動，泉州則源自文革的十年動亂。

文革的浩劫，雖曾使泉州的傳統戲曲文化盡遭摧毀；但近年來，隨著中國對外政策的開放，泉州的南管以及其他戲曲大都恢復了舊觀。據統計，現屬泉州市轄的地區，便有將近五百個職業南管團，而在泉州市區的鯉城區，

●泉州市區的南管演奏，含有「以樂喚親」的統戰意味。

除擁有一個公立的職業「南管實驗班」外，更有二十餘個業餘班。

除數量繁多，每個社團的活動能力也相當強，每天固定的時間，都聚在一起清唱排場。一九八七年底，台灣開放赴中國探親後，當地兩個最具規模的業餘南管班，更分據在銅佛古寺前與百源池涼亭上，掛起「熱烈歡迎海外華僑、港澳、台灣同胞歸來探親旅遊」的紅布條，每天夜間熱熱鬧鬧地彈唱起來。

泉州市區內的南管演奏，雖含有「以樂喚親」的統戰意味，但演出者畢竟是純民間團體。每天晚上六點半過後，便由不同的團員分別演奏或清唱，一個晚上，總有二、三十位團員分別上場，可見其活絡的景象，娓娓雅音飄揚在泉州古城的夜空中，每每吸引數百人圍觀聆聽，形成泉州市區相當特殊的文化景觀。

——原載一九八八年十月十五日自立早報大陸版

●娓娓雅音飄揚在泉州古城的夜空中。

花園派傳薪有人

——速寫江朝鉉師徒

晚近五十年來被譽爲中國布袋戲偶雕刻一代大師的江加走，一九五四年十月十一日逝世後，生前精雕的上萬個戲偶，不僅成了台海兩地收藏家最熱門的木偶藝品，中共當局更評定爲「全國珍品獎」，他以一生精力塑造「花園派」，更成爲現今中國唯一後繼有人，並把木偶雕刻藝術發揚光大的重要門派。

清同治十年（西元一八七〇）生於泉州市郊花園頭村的江加走，原名長清，十一歲起，便隨父親江金榜學藝，十八歲那年父親逝世，開始獨立創作，此後的六十六年間，他從父親原教給他的五十餘種偶頭，創作發展出兩百八十餘種，中年以後，一年中所刻的數百個戲偶中，有十個月的產量都銷往台灣，僅兩個月的生產額留銷在泉、漳等地。

●江加走全力創造「花園派」戲偶無人能比。

雕刻戲偶出身的江加走，中、晚年雖逢民國創立、軍閥割據、中日戰爭以及國共內戰等，連接不斷的兵燹之災，但他非但沒有停止創作，同時更把一身技藝全部傳授給兒子江朝鉉，江加走過世之後，江朝鉉順理成章地繼承起父親的衣缽，可惜不久後，文革浩劫，江朝鉉被迫停止創作，與「花園派」齊名的「塗門派」因此而失傳，幸好江朝鉉堅忍地度過這個風暴，才有機會重振「花園派」的風采。

文革之後的江朝鉉，被安排在泉州木偶工藝工廠，這其間，他教授過無數子弟，其中成就最爲突出的，首推現任泉州工藝美術工業公司偶頭雕刻廠廠長的兒子江碧峰，以及現任副廠長的徒弟黃義羅，這三位現存「花園派」的代表性藝師，除傳承了江加走留下的技藝，更新創了許多代表性的人物，江朝鉉的白毛旦、家婆；江碧峰、黃義羅的四頭八臂、三頭六臂偶頭，都是最具代表性的作品。

已近九十高齡的江朝鉉，早已退休在家，但仍創作不輟，尤其是近些年來，許多台灣的古董商人，紛紛找上江朝鉉訂製偶頭，使得他更不能放下雕刀，江碧峰與黃義羅，雖然名氣不及師父，但找上他們的人也不少，也因此，「花園派」的技藝，得以蓬勃發展下去。

——原載一九八九年十月廿二日自由時報綜藝版

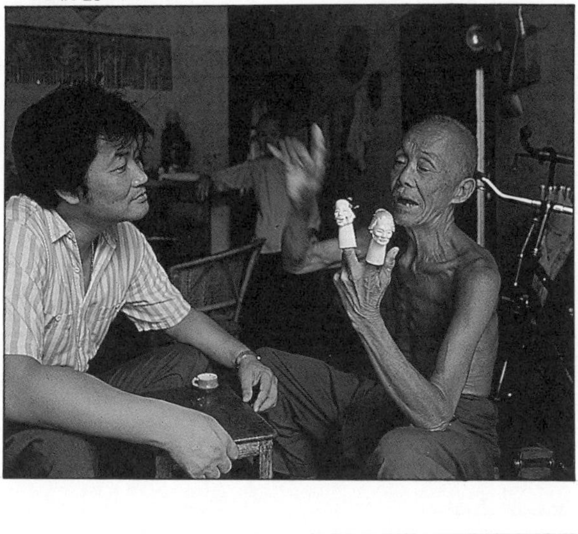

●林勃仲（左）到泉州訪問江朝鉉老先生。

泉州傀儡展絕技

傀儡戲在中國大陸，主要的根據地以漳、泉兩地爲主，後來漳州全力發展掌中戲，並在國際上打響名號後，泉州爲與漳州分庭相抗，才積極推展傀儡戲，如今，提線傀儡早已成爲泉州城裏最具代表性的劇種之一。

舊稱「四美班」的傀儡戲，因戲台上的主要角色僅生、旦、北（淨）、雜四類角色而得名，演出的形式較爲單純，文革期間，「提偶欺人」的四美班被破壞殆盡，浩劫之後，官方出錢成立木偶劇團，更藉福建省藝術專校設立傀儡分班，專門培養新生代，畢業之後進入劇團，分

別從事前場演出，後場音樂、劇本、舞台、布景、美工等設計改良工作，成績相當突出。

除了新人之外，老藝人黃奕缺的勇於創新與改良，也是賦予傳統傀儡新生命的重要因素，已逾六十大關的黃奕缺先生，不僅是傑出的傀儡戲演師，一九七九年在泉州市首度公演造成轟動的大型神話劇《火焰山》，便是他的代表作，此外，更是技藝精湛的傀儡雕刻師，這項技藝雖是自己摸索而來的，卻被譽爲「西來意頭」以降最傑出的作品。

黃奕缺能演能刻，更能創新戲偶，他設計出的一偶三角便是令人嘖嘖稱奇的作品。最特殊之處是在戲偶的脚部，另藏有一個戲偶，演出至一半時，只要提起垂在地上的提線，放下原來操作的提線，裙子順勢反蓋，原來的女旦頭便被藏在裙子裏，出現在舞台上的則是一個女丑，這個女丑的臉部可以旋轉，隨時都可由女丑便成文丑，設計之巧令觀衆嘆爲觀止，便令人佩服的是，這尊特殊的戲偶，共有三十幾條線，分爲兩組，在黃奕缺手中，從不曾錯亂過，操演功夫之精純可見一斑了。

——原載一九八九年一月四日中國時報文化版

●黃奕缺手中的每個戲偶，彷彿都有了鮮活的生命。

傀儡，夢與現實

——記陳錫煌、李傳燦的中國拜師行

不曉得你是否曾經嚴肅而認眞地思考過，什麼叫「深情」？

在這樣一個分分合合、現實功利的世界裏，也許沒有幾個人會相信這樣的字眼了，疏離而冰冷的現代人，總是把它當作電視肥皀劇中的台詞而已。

難道這社會再也不會有一往情深的故事嗎？

許多年前，我便認識了這樣一對兄弟，兄叫陳錫煌，弟叫李傳燦，親兄弟卻有不同的姓，源自於父親李天祿的傳奇，但這傳奇似乎也如同他們的聲名般，一直停留在李天祿身上，兄弟們永遠只是父親的二手……這樣的故事，其實已經很少出現在民間藝人的家庭了。日暮西山的傳統技藝，根本失去了生存的空間，多少傑出藝人的悲嘆，總是子女改行，授徒無人……？

往後的持續來往中，我逐漸發覺李天祿授徒寬厚，待子極爲嚴厲的事實，老一輩的傳道授業彷佛都是這樣的例子，還沒找到機會問他們是不是因爲這樣的原因，讓他們一直都不能改行，卻發現那兄弟竟也操得一手好傀儡。

那是拜張國才爲師學來的技藝。老師父口中

的張國才，是台灣北部最重要的傀儡大師，年輕時彼此都被對方的技藝折服，從此往來相當密切，英雄相惜之餘，更把兩個兒子送去學藝，老師父原以爲兩個兒子正可繼承兩家的絕技，可惜張國才不幸早逝，讓老人的願望落空了，卻因這個機緣，讓木偶和傀儡都深植在那兩個年輕的生命中，從此，便是漫漫三、四十年無怨無悔的路。

嚴格說來，漫長的煎熬生涯，正是成就一個藝師功夫與聲名必要的條件！問題是，對陳錫

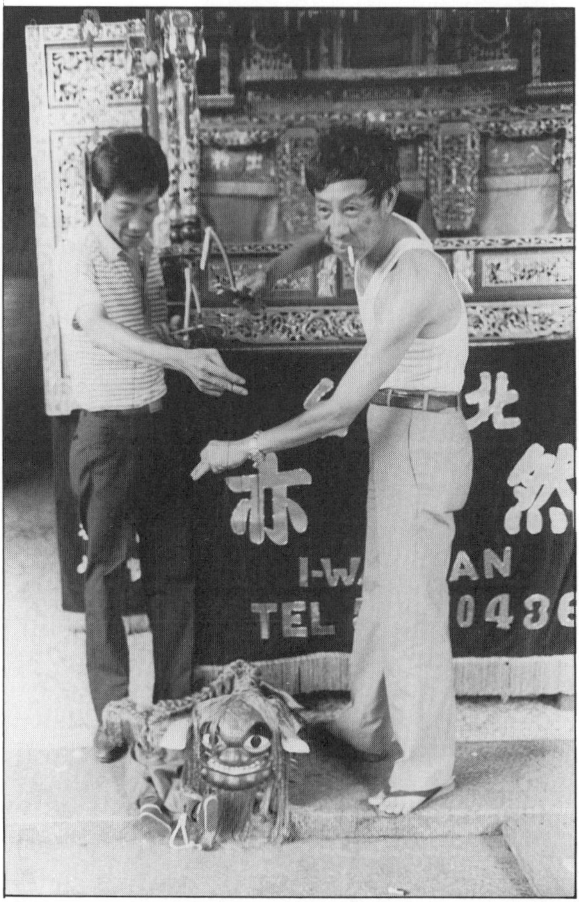

●陳、李兩兄弟曾拜張國才習傀儡。

煌與李傳燦兄弟而言，漫長的歲月讓他們的技藝不斷精進了，卻由於父親的聲名過響，並沒有帶給他們應有的聲名，致使長久以來，只能默默地操演著戲偶。

舞台後的民間藝人，本就是寂寞的，他們兄弟卻要忍受比別人更多的寂寞，非但沒有讓他們改變過心意，甚至長久以來，心裏總惦著傀儡沒有學全這個缺憾！

也許許多人都曾經有過遺憾，但似乎都只是年輕的事，過了中年，歲月總喜歡把人包裝成一個現實而功利的人，拜師學藝的事自然就淡化許多了，誰知道這樣的遺憾竟然仍一直盤據在他們心中，絲毫沒有隨著時間的消逝而褪色。

一九八七年起，政治氣氛日漸舒緩，讓台海兩岸的信息有了相通的機會，陳、李兄弟終於有機會在錄影帶中看到泉州藝師黃奕缺一手精妙絕倫的傀儡技藝，操演技巧之高難以想像，那時他們只是想看，如果能向他學一點絕技，傀儡的技藝必可自成一門，卻也只是想想而已，從來都不敢有一點點奢望。

隨後，日漸開放的浪潮使得兩岸的交通更爲容易，適巧又有一個戲界的友人張傳枝曾到過中國多次，兄弟倆和他談到這個想法時，張傳枝自告奮勇擔任聯絡人，經過數次的洽談之後，兄弟倆決定正式拜黃奕缺爲師，對岸的黃大師自然更樂意收這兩個「高徒」了。

一九九〇年二月一日，陳錫煌和李傳燦正式開始了這趟拜師行，他們從台北出發，經香港直飛上海，拜會過上海木偶戲團後，花了兩天搭火車抵達廈門，再轉往泉州，與黃奕缺正式見了面，並由黃師父的安排，參觀過泉州的各大小劇種後，於元宵節次日，正式在泉州木偶劇團舉行拜師大典。

對於這樣一個難得的跨海拜師活動，中共當局自然要視爲政治宣傳的好材料，當天派了許多政要前來參加，會中還發表了許多談話，面對這樣的包圍，陳錫煌卻用一句話回應了去：「我們不會說話，也不是來談話的，而是來學習操演傀儡的技藝！」

拜師之後，接下來的時日裏，兩兄弟每天從早到晚都在老師父家學習技藝，而他們少年時

●陳錫煌和李傳燦跨海拜師學傀儡。

和張國才學習的技藝也還沒忘記，學起來自然駕輕就熟了。

二月廿八日，兄弟倆在半個多月的勤學之後，拜別師父束裝返台，他們回來就跟出發一樣，除了少數親朋，並沒有引起別人的注意，只是，藏在雙手中的功夫以及背囊中許多自己拍攝的錄影帶、書籍，卻可能要比任何一位旅客帶回來的東西都更珍貴。

如此千里迢迢的拜師之行，最困難的顯然不是路途的遙遠，無論是飛機或者火車，都可以幫任何人解決這個困擾，困難的卻是這兩兄弟在五、六十歲之際，仍願意拜年紀僅大兄長三歲的黃奕缺爲師，爲的，只是欽羨那一手操演傀儡的絕活罷了！

我們無法解釋,在這一對兄弟間,傀儡是夢,還是現實，但總可以肯定他們對戲偶的深情！有誰，願意用一生鍾情於如此一項既無名、又無利的傳統技藝呢？他們的深情，豈能不令我們感動？

——原載一九九〇年三月廿五日民衆日報〈台灣風土月報〉

主要參考書目

台灣叢刊第一輯・台灣方志彙編一至十五冊／國防部研究院出版部（一九六八）
裨海紀遊・郁永河／台灣省文獻會（一九五〇）
重修福建台灣府志・劉良璧／台灣銀行經濟研究室（一九六一）
重修台灣府志・范咸／台灣銀行經濟研究室
澎湖台灣紀略／台灣銀行經濟研究室（一九六一）
福建省例／台灣銀行經濟研究室（一九六四）
澎湖紀略・胡建偉／台灣銀行經濟研究室（一九六一）
台灣通史・連雅堂／衆文圖書公司（一九七九）
台灣省通誌・台灣省文獻會編／衆文圖書公司（一九八〇）
台南縣志・吳新榮／台南縣政府（一九八〇）
台南市志・游醒民／台南市政府（一九七九）
屏東縣志・古福祥／成文出版公司（一九八三）
澎湖通史・蔡平立／衆文圖書公司（一九七九）
澎湖／澎湖縣政府（一九八一）
嘉義縣志／嘉義縣政府（一九八〇）
宜蘭縣志／宜蘭縣政府（一九五九）
台灣三百年・關山倩編／戶外生活圖書公司（一

九八一）
蓬壺擷勝錄・林藜／自立晚報社（一九七一）
台灣文化志・伊能嘉矩／台灣省文獻委員會（一九八五）
寶島風情錄・林藜／台灣新生報社（一九八○）
台灣札記・林其泉／中國展望出版社（一九八七）
點石齋畫報／廣東人民出版社（一九八三）
台灣風土誌・何聯奎、衞惠林／中華書局（一九八三）
台灣民俗・吳瀛濤／衆文圖書公司（一九八○）
台灣諺語・吳瀛濤／台灣英文出版社（一九七五）
台灣風俗誌・片岡巖／大立出版社（一九八一）
台灣舊慣冠婚葬祭與年中行事・鈴木清一郎／衆文圖書公司（一九八一）
帝京景物略・劉侗、于奕正／廣文書局（一九六九）
荊楚歲時記校注・王毓榮／文津出版社（一九八八）
台灣民俗誌・劉還月／洛城出版社（一九八五）
中國民俗與民俗學・張紫晨／浙江人民出版社（一九八五）
中國古代宗教與神話考・丁山／上海文藝出版社（一九八八）
中國年節文化・范勇、張建世／海南人民出版社（一九八八）
古代制禮風俗漫談（一、二集）・文史知識編輯部／北京中華書局（一九八三）
莊嚴的世界・阮昌銳／文開出版公司（一九八二）
台灣電影戲劇史・呂訴上／銀華出版社（一九六一）
野台高歌・邱坤良／皇冠出版社（一九八○）
現代社會的民俗曲藝・邱坤良／遠流出版公司（一九八三）
中國傳統戲曲音樂・邱坤良編／遠流出版公司（一九八一）
布袋戲・沈平山／著者自印（一九八六）
泉州絃管（南管）研究・呂錘寬／學藝出版社（一九八二）
扮仙與做戲・王嵩山／稻鄉出版社（一九八八）

野台鑼鼓・陳健銘／稻鄉出版社（一九八九）
台灣文化滄桑・黃美英／自立報系（一九八八）
台灣的北管・王振義／百科文化公司（一九八二）
台灣的客家系民歌・揚兆禎／百科文化公司（一九八二）
台灣的客家山歌・賴碧霞／百科文化公司（一九八三）
台灣的歌仔戲音樂・張炫文／百科文化公司（一九八二）
由拱樂社看台灣歌仔戲之發展與轉型・劉南芳（論文・一九八八）
台灣的南管・呂鍾寬／樂韻出版社（一九八六）
中國戲劇概論・盧冀野／莊嚴出版社（一九八一）
中國民間戲劇研究・譚達先／木鐸出版社（一九八四）
宋元戲曲史・王國維／學人雜誌社（一九七一）
中國戲曲史漫話・吳國欽／木鐸出版社（一九八三）
民族音樂概論・丹青藝叢編委會／丹青圖書公司（一九八六）
中國戲曲通史・張庚、郭漢城／丹青圖書公司（一九八五）
中國戲劇史講座・周貽白／木鐸出版社（一九八六）
戲曲美學論文集・張庚、葉叫天／丹青圖書公司（一九八六）
戲曲小說叢考・葉德均／台灣翻印本
中國戲劇簡史・董每戡／藍燈文化公司（一九八七）
小說戲曲研究第一集・清大中文系編／聯經出版公司（一九八八）
小說戲曲研究第二集，清大中文系編／聯經出版公司（一九八九）
中國話劇史・吳若、賈亦棣／行政院文建會（一九八五）
台灣民間藝人專輯・國立台灣藝專編／台灣省政府教育廳（一九八二）
淺談掌中戲・林皎宏／台灣省立博物館（一九八九）
淺談中國傳統偶戲・阮昌銳／台灣省立博物館

（一九八九）
中國戲曲史・孟瑤／傳記文學出版社（一九七九）
傳薪集・阮昌銳／台灣省立博物館（一九八七）
台灣民俗點滴・鄭琳枝／台灣省立博物館（一九八九）
戲曲詞典・王沛綸／台灣中華書局（一九七五）
中國音樂詞典・《中國音樂詞典》編輯部編／北京人民音樂出版社（一九八五）
中國戲曲曲藝詞典・上海藝術研究所・中國戲劇家協會上海分會編／上海辭書出版社（一九八一）
中國大百科全書戲曲曲藝冊・中國大百科全書出版社編輯部編印（一九八三）
閩南戲劇・沈清標編／中國戲劇雜誌社（一九八九）
偶人世界・福建藝術學校龍溪木偶班編印
泉州木偶藝術・陳瑞統編／廈門鷺江出版社（一九八六）
泉州南音藝術・泉州市對外交流協會・泉州市文化局編／福州海峽文藝出版社（一九八八）
莆劇傳統曲調選・陳彬、陳松民編／北京人民音樂出版社（一九八六）
潮州市戲劇志・陳俊麟主編／潮州市戲劇志編寫組（一九八八）
中國早期皮影戲臉譜的造型藝術・劉德山（資料・一九八八）
江加走木偶雕刻／上海人民美術出版社（一九五一）
香港的木偶皮影戲及其源流・曹本治／香港市政局（一九八七）
中國文化史三百題／上海古籍出版社編印（一九八七）
中國文化概覽・張秀平、王乃莊／北京東方出版社（一九八八）
廣東省地理・劉琦、魏清泉編／廣東人民出版社（一九八八）
泉州舊風俗資料匯編／泉州市民政局、泉州志編纂委員會辦公室編印（一九八五）
泉州台胞回鄉尋根指南・泉州市地方志編纂委員會、泉州市台灣事務辦公室編／廈門大學出版社（一九八九）

刺桐賦・陳瑞統／廈門鷺江出版社（一九八九）

古刺桐港・莊爲璣／廈門大學出版社（一九八九）

話說泉州・黃梅雨／福建人民出版社（一九八九）

泉州文史資料第十一輯／中國人民政治協商會議福建省泉州市委員會文史資料研究委員會編印（一九八二）

泉州文史第九期／泉州歷史研究會・泉州市文物管理委員會編印（一九八六）

廈門文史資料第十三輯、中國人民政治協商會議福建省廈門市委員會文史資料研究委員會編印（一九八八）

泉州方輿輯要／泉州志編纂委員會辦公室、泉州市地名學研究會編印（一九八五）

漳州・韓玉琳編／北京中國國際廣播出版社（一九八六）

台灣歲時小百科
台灣歲時小百科
大溪祭陳聖王
158
小百科
臺原出版社

台灣人的生活史
《台灣歲時小百科》是第一本完整記錄台灣人歲時生活的重要著作，內容詳述常民文化的現象，更生動地描繪出台灣人的情感與精神，台灣文學大老葉石濤譽爲「台灣人的生活史」！
每一個台灣人，不能不讀！
每一個台灣家庭，不能不典藏一套！
台灣歲時小百科
〈上下兩鉅册，厚八百餘頁〉
平裝普及本定價 620 元
精裝典藏本定價 750 元
⊙直接郵購，可享九折優待⊙
⊙專業台灣風土⊙
臺原出版社
台北市松江路 85 巷 5 號
電話／5072222